老宅重生

打造一个有温度的美好新居

[澳]桑托索·布迪曼(Santoso Budiman)
[新西兰]迦勒·斯金(Caleb Skene)/编
潘潇潇/译

老宅重生

打造一个有温度的美好新居

广西师范大学出版社
·桂林·
images Publishing

目录

第三章　生长的家

第四章　永恒的改造经典

老房子，新故事

老房子是当今城市不可分割的一部分，对它们的保护是建筑设计的一个重要方面。我们经常听说某某老房子正面临着永远消失的风险，它们可能因为原有结构过于破败而无法修复，也可能因为修复成本过高，而被拆除以消灭安全隐患，或被废弃，继续衰败下去。

从一座略简陋的工人家庭小屋，到中世纪住宅或者经典的纽约联排住宅，不管老房子的建筑形式如何不同，它们都承载着不同的文化、社会、历史、政治和经济环境的记忆。对这些老房子最好的处理办法就是通过改造和增建等措施使它们符合现代生活标准的需求，同时保留自己的历史特色。

修复，实际上就是翻新，是准确地揭开、复原或者再现老房子在特定历史时期出现时的状态，以保留其历史价值。修复工作通常是为了扭转建筑破败不堪的状态。有时，修复工程也会对建筑做出一些改变，比如，增加一些新的元素。在增加新材料或是做出改变之前，设计师需要进行缜密的分析，并对建筑所处的现有环境进行深入了解。

修复工作并不简单，因为在翻修过程中经常会出现无法预料的情况。设计师需要对这些情况进行处理，然后才能继续施工。此外，对老房子进行升级改造使其满足现代生活的需求还会遇到各种各样的挑战，例如需要重新布线以适应新通信技术的需求，安装供暖和散热系统，安装有效的火灾探测系统和太阳能设施，升级房屋的保温系统等。

大多数参与老宅改造项目的设计师都认为这是一个非常有趣的过程，因为每个老房子背后都有一段故事。精雕细琢的改造作品——无论是对老房子的扩建，还是对老物件或旧材料的再利用，都是对老房子的故事的续写。因此，让新老建筑和谐共生的魅力，在于新增结构如何与所处环境相互作用。

老房子翻修和改造工作的重点在于尊重老房子及其历史，并在此基础上插入新的结构或是做出改变，以提升和增加老房子的历史价值。关于新结构的诠释和展现，有些设计师可能会采取相对传统、温和的方法，而另一些设计师则可能希望探索出更加现代的解决办法。 但无论怎样，实现过去和当下之间巧妙的平衡可以使人们获得一个功能完备又现代舒适的居所。

大多数参与老宅改造项目的设计师都认为这是一个非常有趣的过程，因为每个老房子背后都有一段故事。

老房子的翻修和改造工作需要尊重过去，并继续讲述人类活动和未来发展的故事。

对老房子的翻修有时会演变成大型改造或者扩建工程。很多老宅改造的动机通常是因为老宅无法满足现代生活方式的需要，比如房间昏暗、采光不足，室内潮湿、通风不好，空间零散、缺乏关联，内部装修过时、破败，或者缺少与户外空间的联系等。老房子通常由很多独立的小房间组成，而现代住户却需要更灵活、开放的空间来容纳更多的家庭成员或是增加空间使用的灵活性。

本书中的案例也普遍存在这些问题，但这些案例中的设计师通过巧妙的改造较为成功地解决了这些问题，值得参考。

很多老房子都经历过多次临时改建，而这些改建所用的材料和施工质量不佳也使它们变得一团糟。设计师经常会在房屋拆除过程中发现一些在先前改造中被隐藏起来的原始材料。通过设计周密的改造，它们将会得以重现生机，以强调老房子从旧到新的旅程。设计师会使用不同的材料或饰面来区分新增结构与原有结构。

老房子往往缺少从室内延伸至室外的生活空间。在现代改造中，越来越多的设计师会被要求打造一个可以延伸到室外的生活空间，或是更好地连接室内外生活空间。本书所选的案例表明，设计师使用不同的方法建立起室内外空间的联系，比如在墙上增加一个大型开窗便可直接建立起独立房间之间或者室内外之间的视觉联系，而一些其他的灵活的开口结构，例如，双折门可以实现空间的扩展，落地门则可将自然光线引入房间。

厨房作为另一个改造重点，经常被用来连接原有结构和新建结构，因为厨房是一个非常重要的空间，很多家庭活动都是在这里发生的。现代生活中，厨房也可以是一处休闲空间，与其他室内外空间相连，便于照看孩子或与孩子互动。

将新旧元素联系并融合在一起时会遇到诸多挑战。为了满足现代生活方式的需求，设计师需要在保留老房子中有价值的历史元素的基础上运用不同的方法来满足业主对日常活动和生活方式的需求。新旧结构各具特色，当新结构成功地融入到旧结构中时，可以实现特色互补。老房子的翻修和改造工作需要尊重过去，并继续讲述人类活动和未来发展的故事。

桑托索·布迪曼（Santoso Budiman），澳大利亚 SWG 事务所负责人

巧妙的平衡

现代世界随着岁月的流逝而改变，现代的生活方式也是如此。我们对美好生活的定义正在发生翻天覆地的改变，我们渴望拥有更多的东西，但过上更为简单的生活。我们期待居住的空间更自由和开放，传统住宅似乎无法再满足现代生活的需求。

与过去相比，当代生活充满着眼花缭乱的物品。这些用来满足我们的需求和愿望的物品终会因为过时而被替换,然后被堆放在储物间内。那里堆满了我们已经忘却“仍然需要”的物品。正因为如此，人们需要一个兼具实用性和宜居性的现代住宅。

虽然传统住宅不能满足现代生活的需求，但无论是在个人层面还是公共层面，它们仍然有着巨大的情感纽带作用和历史价值。因而我们应该保留这些建筑，对它们进行修复或改造，而不是直接拆除。本书所选的项目遵循了上述思路，试图寻找改造和保护之间的平衡点，打造尊重历史并具有现代生活潜力的空间。

现代住宅通常是批量设计和建造的产物，可以适应各种住户多样化的生活方式。目前的统计数据表明，一栋住宅一般 7 年内就会迎来新的住户。虽然这样的住宅更具普适性，成本也更低，但对住户来说，这样的房子在设计上缺乏家的温度，更像是一个临时的家。

这样的房子不再是人们会舒适地度过余生并将其传给后辈的居所，而会是他们以更高的价格转售给他人的房子。这种建造方式使我们对自己的住房缺乏情感，对于房子和房子里的东西不再像过去那样珍视。我们经常会将过去和传统抛诸脑后,为喜欢的新东西腾出空间,如家具,甚至是整个房屋。

在旧居所中创造一种现代生活，确实是一门平衡的艺术

出于对改造策略、创造性和历史价值方面的考虑，本书选了 36 个房屋改造案例。与那些专门以投资为目的而建造的现代主义房屋相比，在这些项目中，建筑师更关注当代生活方式与传统建筑之间的平衡，力求以全新的现代眼光挖掘老建筑的价值，并在现代世界中寻找保护这些老建筑的创造性方法。建筑师保留建筑的历史风貌，尊重和保护建筑的特色，并赋予这些建筑以新的生命，使这些建筑充满人情味，并建立起其与房屋所有者的联系。

新西兰建筑师麦克斯・卡波西亚的项目“金斯伍德住宅”在渴望改变的同时，坚持对历史的尊重。项目的设计宗旨是对居所内部进行改造，打造一个可以满足当代生活需要的个性化居所，同时保留

些许老建筑的味道。2011 年发生的地震袭击了克赖斯特彻奇，建筑师决定加固在地震中留存下来的建筑底层结构，并以此为基础建造上层楼面。建筑的外立面铺装了保温面板，里面是一个充满活力的开放空间，业主可以根据需要自由改变空间布局。内墙是非承重墙，易于拆除。如需要，新打造的空间还可以变成一间办公室。建筑师最终打造了一个可以满足现代生活要求的居所，而对老建筑桁架的再利用和改造为建筑增添了一抹厚重的历史气息。在这里，建筑师实现了业主对自由的向往和与家建立亲密的个人联系的完美统一。这一改造策略在本书的案例中十分常见。

每一个修复或翻新项目都会遇到各种老建筑问题，包括面积狭小、现有布局不适合现代生活、储存空间太小、厨房设计过时以及自然采光不足等问题。但不管结构是否完整或者是否具有情感纽带的作用，每个老建筑都应该被予以同样的关注和尊重，确保改造不会丢失老建筑的原有本质，也不会影响居民的现代生活方式。为了适应现代的生活方式，改造在回味历史的同时也需要做出足够的改变。如果处理得当，改造工程可以通过一些策略建立起新旧结构之间的联系。

由建筑公司 PYO arquitectos 设计的“西班牙农舍”便以一种非常直接的方式实现了这些想法。这栋双层住宅是在 20 世纪 60 年代初的一个农舍遗迹的基础上建造而成的。老建筑 50 年来一直无人问津，农舍结构破败不堪，周围杂草丛生。他们利用建筑原有的石材，以清晰的方式展现建筑的过去，同时引入了展现当代建筑风格的新材料。主楼上对比鲜明的白色混凝土立面便很好地展现了这种设计方式。白色代表纯洁无瑕，与古旧的石材完美地结合在一起。设计师没有试图用仿古的材料重建先前的建筑，而是通过新旧之间明确的界限，体现对建筑遗迹的重视。

决定哪些历史元素应当予以保留、修复、替换或移除是改造的关键环节

居所中有故事的元素，无论是对房主，还是对公众来说，都应当是第一选择。这些元素日后会成为对那些不复存在的结构的一种纪念形式，就像人们喜欢保存关于某个老友或是某段时光的回忆那样。本书中的项目所保留的具有特色的结构有大型谷仓风格的房门、特别的石墙或整个墙体立面，等等。

在自然光的利用和面向外部（沿街道或后院花园）的门窗上，传统住宅和现代住宅的设计有很大的不同。虽然世界各地存在文化差异，但可以看出，人们如今对隐私和安全的需求更为注重。如今我们虽然可以看到很多房子设有大扇的开窗，但是住宅在设计上却需要采取一些保护隐私的策略。这种保护隐私的理念其实可以追溯到罗马帝国初期，那个时期的房屋是向内建造的，内部庭院是主要的户外空间，住户可以不受外界干扰自由出入。

W 宅便使用了这一理念。建筑结构面向庭院打开，业主不会受到街道活动的影响，与原有的建筑形式截然不同。建筑师将建筑整体后移，在室内单元和沿街区域之间留出缓冲空间，面向街道的建筑立面使用半透明的钢板网。建筑师希望以此创造视觉化边界，保证住户的个人安全，同时还可获得自然采光和通风。除了建筑立面上的开口之外，建筑内部的采光井成为住宅的主要开口结构，顺着从底层通往屋顶的楼梯井，将自然光线引入各个楼层和房间。随着部分天花板的移除，住宅内部

空间变得更加开放，3 个楼层间的联系也得以加强。建筑师将这栋 20 世纪 60 年代的联排别墅改造成一处融入历史气息的现代化居所。

历史是人类的旅程，而我们从中学到的东西是意识和进步的关键。设计师在使老建筑满足现代生活方式需求时，应了解文明、社会、建筑遗产、当代人的需求以及当时的初始目标和成果，并融入他们对千年历史之旅的个人理解。我们应为更加美好的未来而设计，从历史中吸取精华而不是问题或错误。

从某种程度上说，传统住宅与现代住宅之间的巨大差异在于技术

事实上，技术也是我们这代得以将老建筑翻新到如此程度的主要原因。以不同方式应用于现代建筑中的新技术使建筑设计能够不断发展和演变。无论是电气、机械，还是材料，技术进步带来了巨大的机遇，同时也减少了当今建成环境的局限性。技术赋予我们设计和改造的自由，为老建筑注入新活力的同时，还能不断品味历史的精髓。

本书中，山间住宅是一个小型石砌结构，位于皮亚泰达山上。建筑师希望继续使用原有的石砌结构材料——混凝土砖石，并运用现代美学和施工技术完成项目建造。建筑用原有砖石及当地材料打造而成，拥有 4 个同样大小的开口，迎着北向的阳光和阿尔卑斯山脉。设计师希望利用钢筋混凝土、天然落叶松、铁和木材等手边的材料，获得最佳的效果。

改造是一种对环境负责的设计方式

翻新建筑而非拆除和重建给环境带来的影响也是至关重要的。现有建筑的翻新和再利用极大地减少了材料浪费的情况。对于一个如此关注气候变化、环境状况和废物回收利用的世界来说，我们应当对建造全新的大型建筑持保守的态度。我们首先应当审视目前拥有的东西，通过加入创意及对历史和未来的理解，将其改造成新的结构，而不是直接建造新的结构。这种做法可以被看作是对建筑的回收利用，回收使用过的有效材料，并通过保留建筑原有的精髓回味那段历史和记忆。这个过程与回收工厂的材料再利用过程相似，是将现有建筑改造成一处美好新居所的过程。

本书收录的项目描绘了传统建筑中的当代生活方式，鼓励尊重过去，改善当下生活。虽然所收录的老建筑的原始形式和风格多种多样，但为我们的改造方式提供了一个全新的思路，也为我们在恢复活力的老宅中过上现代的生活提供了解决方案。我们再也不会因为建筑无法满足不断发展的生活需求而拆除建筑，而是会用全新的创造性方式改造建筑，使之满足现代生活方式的需求。

迦勒·斯金（Caleb Skene），新西兰 MC 建筑事务所

第一章

“住出”美好的家庭关系

金比尔联排住宅

这栋住宅位于墨尔本市菲茨罗伊区的一条充满活力的街道上。设计团队对这栋双层联排住宅及其附近的花园进行了改造和扩建。这栋住宅及其东侧的花园最初位于两个独立的地块上，近期才被整合到一起。

这栋住宅的住户是一个四口之家。他们提出对现有住宅和花园进行翻新，建造一栋“永恒之家”。他们希望获得更大的生活空间，但无意一味地扩大房子的面积。相反，他们希望拥有草木茂盛的花园，实现他们所喜爱的郊野生活。

设计师详细了解了老房子所在的街区及历史后，决定保持住宅外立面的原貌，在室内规划中做出一些改变来满足当代的生活方式。在当地的联排住宅中，通常情况下，人们从前门进入会路过两间卧室，然后抵达厨房、客厅和后院。但在此次改造中，设计团队抛开了这些原则，对住宅做了全新的规划。

设计团队在东侧的墙上打了几个开口，将住宅入口移到这边，从而新建了一条玻璃走廊，连接着老房子、马厩和一个小亭子。厨房、客厅和餐厅就设置在这个玻璃凉亭之中。入口移到东侧后，原来的入口庭院被改造成花园，而入口走廊也被改造成浴室。玻璃凉亭被花园包围，与两侧二层露台的深色砖墙形成鲜明对比。

老建筑（19世纪50年代）

项目地点：澳大利亚，墨尔本市
项目面积：407平方米
完成时间：2018年
建筑设计：Austin Maynard Architects
摄影：德里克·沃威尔

设计师对房屋的结构进行了精心设计，以确保原有树木在施工过程中完好无损，并借由树木打造不同类型的空间，使业主可以随时选择最符合自己心境的空间，例如适合阅读的隐秘空间或是能够与朋友开怀畅饮的花园。

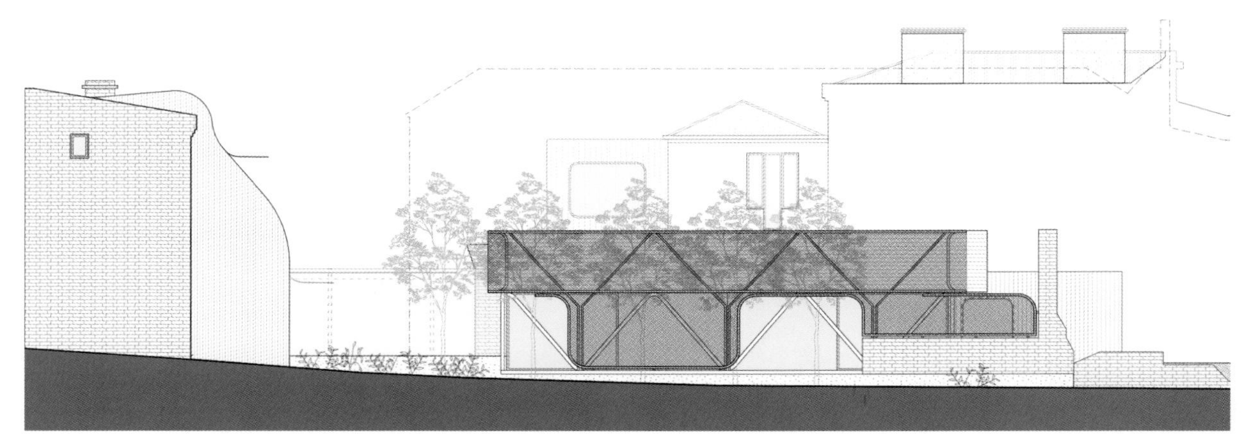

东侧立面图

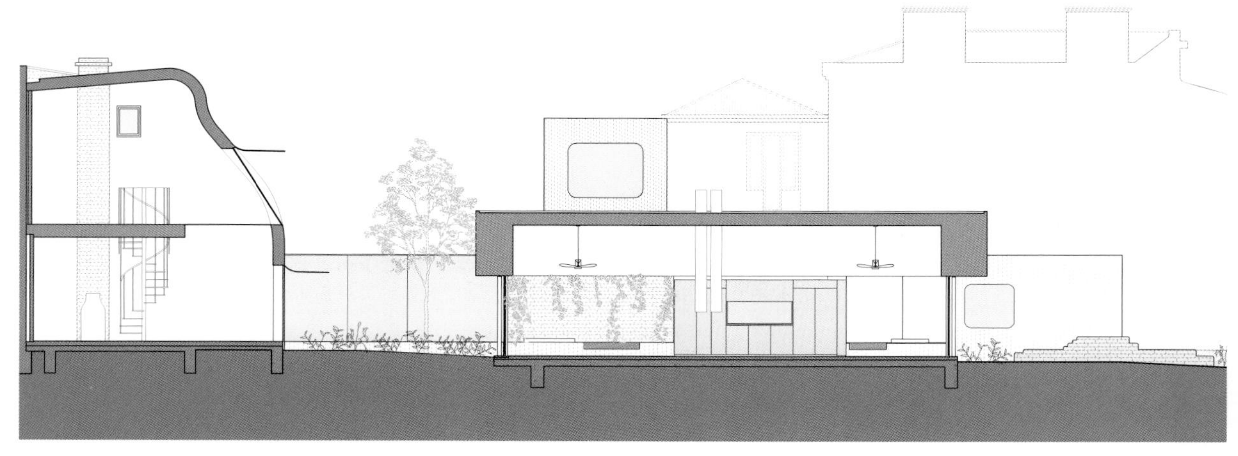

剖面图

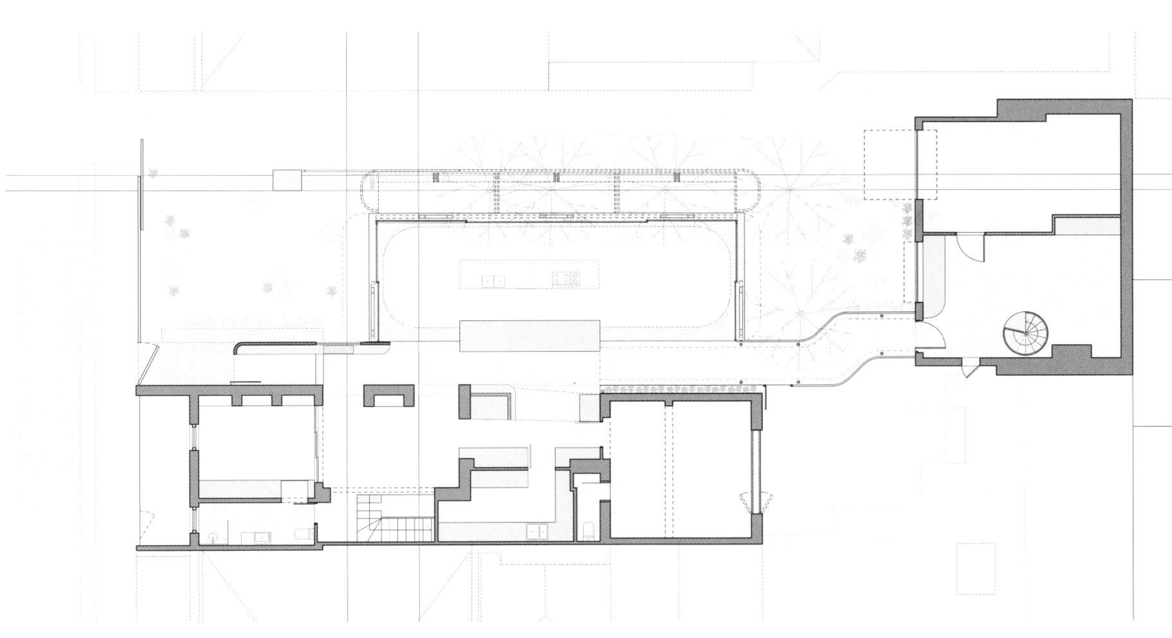

一层平面图

拉塞雷纳住宅

这座老房子位于一条安静的街道的尽头。这里可以欣赏到一座高尔夫球场的迷人风光。茂密的海岸松树和边界遮蔽结构使老房子看起来好像既是高尔夫球场的一部分，又具有独立场所的私密感。

这座老房子是一栋建于 20 世纪 70 年代的复式建筑。业主想要对其进行一次彻底的改造，将各个楼层整合起来，在现代的开放式布局内穿插私密的房间，最终打造一栋充满活力的四室住宅。

项目场地的倾斜地势给设计带来了挑战，但也给设计师带来重要的灵感。设计师顺应自然起伏的地势，使房屋的前部是两层，而后部随着地势的下降变成三层，并形成改造中最大的亮点——一座大型露台。这一改造方案充分利用了高尔夫球场的壮丽景色。

最终的设计实现了符合现代生活方式的格局：入口大厅是个两层通高的空间，被分成休闲空间和书房。光线从巨大的玻璃幕墙射入，扩展了空间的边界感。改造后的住宅以这个宏伟的双层空间为中心展开，两个独立的楼梯，一个通往顶层的卧室，一个向下通往客厅和厨房。在这里，业主还可以欣赏到花园和高尔夫球场的优美景色。

房子的室内设计是由 DJA 室内设计团队精心打造的，住宅的室内装潢设计达到了当地的最高标准，为业主打造了一个豪华的私人休闲寓所。设计师对住宅的精心改造充分体现了他们对周围自然环境的尊重。

老建筑（20世纪70年代）

项目地点：英国，普尔市
项目面积：491平方米
完成时间：2017年
建筑设计：David James Architects & Partners Ltd
摄影：汤姆·伯恩

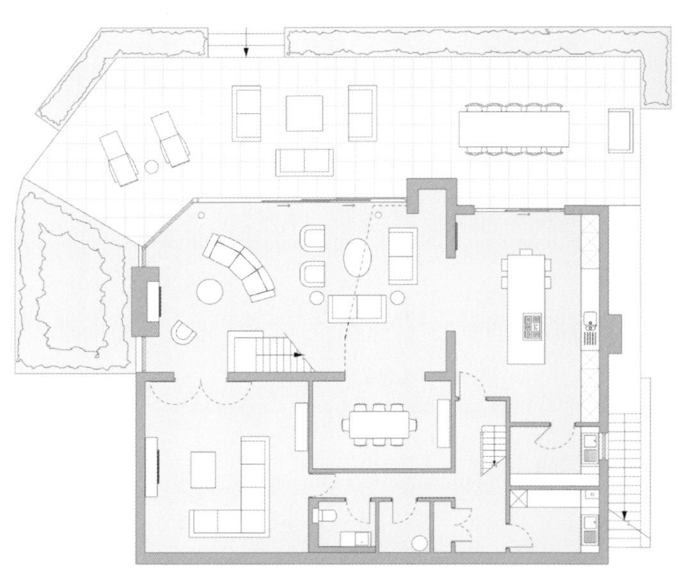

一层平面图

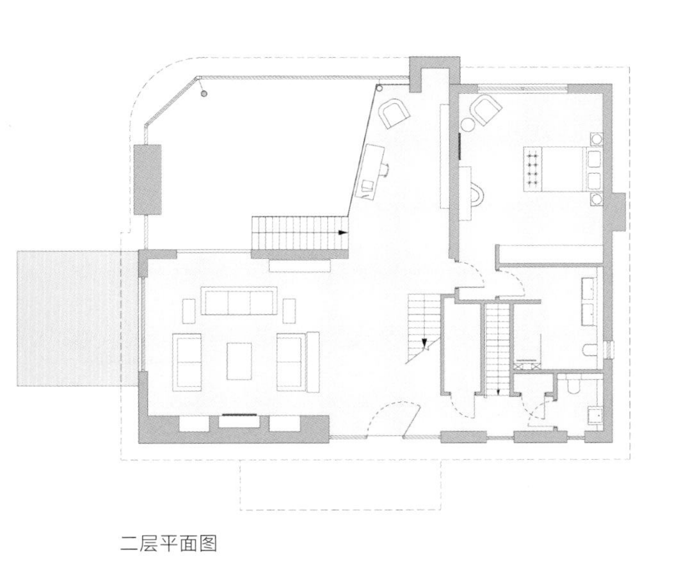

二层平面图

三层平面图

CHANEL
KATE MOSS

劳雷尔赫斯特老宅

一对有两个孩子的年轻夫妇近期刚搬进这栋位于西雅图市劳雷尔赫斯特街区的老宅。这栋住宅是由易卜生·尼尔森于1961年设计的。房屋原本的格局很好，但各个空间之间的流动性已经无法满足新主人的日常生活需求。设计团队的任务是对老宅进行翻新，同时尊重老宅的灵魂，以延长它的使用寿命。

在业主的要求下，设计团队在结构和视觉两个层面上增加了房间与室外空间的连通性。在老建筑的设计中，与客厅相连的庭院花园是最主要的特征。设计团队重新考量了庭院周围的门窗，并将庭院定义为住宅中最核心的空间组织元素，使其不仅成为客厅的中心，也成为入口的核心、日常生活使用的通道以及非正式的起居空间。

原来的厨房与餐厅及其他生活空间都是分隔开的，视野非常有限。业主希望厨房可以与其他室内外的休闲娱乐空间建立密切的联系。设计师通过最少的结构变化将这些空间整合起来，实现了这一愿望。设计师用独立的隔断模块代替墙壁，使各个空间的连接更加流畅，而玻璃推拉门使家庭活动空间扩展至新的露台，从而也使赫斯基体育场和远处奥林匹克山脉及河流的景色成为住宅的一幅生动的壁画。

虽然业主想要保留四坡屋顶结构，但也希望改善房屋的垂直比例、扩展楼上窗户的视野，因此设计师利用外围屋顶结构的简化设计降低了卧室窗台的高度，并且用通高的落地窗代替单格的窗户以便于孩子欣赏窗外的风景。性能升级的隔热层和高效的地暖减少了管道的使用，从而提高了天花板的高度，并显著降低了日常的能源消耗。该项目使整个住宅变得更加现代和宜居，同时也尊重并维持了原设计的优良品质，使这栋建于20世纪中叶的老宅重获新生。

老建筑（1961年）

项目地点：美国，西雅图市
项目面积：441平方米
完成时间：2017年
建筑设计：mw|works
摄影：杰里米·彼德曼

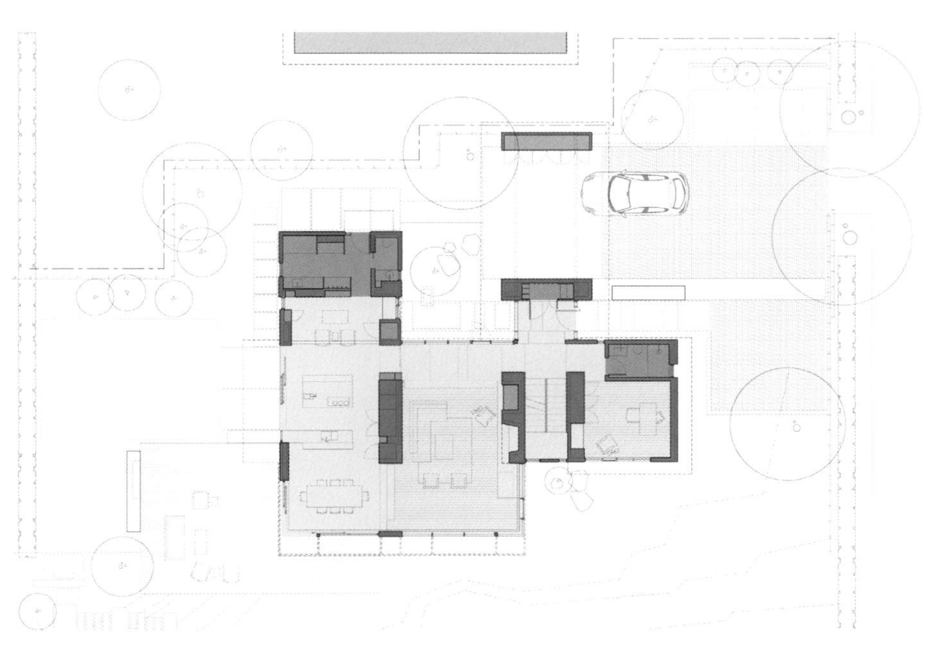

一层平面图

11:40
11:41
Miele

HIBOU住宅

此次改造旨在对一栋20世纪50年代传统风格的住宅进行彻底的更新，使其适应现代生活方式的需求。业主希望房子能成为一个社交的“中心”，加强家庭成员之间以及他们与朋友、邻居的联系。经过改造，设计师最终打造了一个轻松、舒适的家庭空间，可以满足各种家庭活动和娱乐的需求。

首先，设计师按照最方便生活起居的方式改善了房子的布局和空间之间的流通方式。此外，业主还提出了一个看起来相互矛盾的要求——一层空间的各个房间既要相互连接又要各自独立，以便可以同时招待不同的客人，例如，在成年人聚会的时候，小朋友们也能招待自己的朋友，互不干扰。因此，设计师将一层设计成一个整体开放的空间，但在开放空间内设置了不同的区域，如酒吧区、楼梯区、长软座区和入口壁橱区等，并巧妙地利用各种元素作为隔断，从而形成若干个小空间，同时又保证它们在视觉上的联系。

在室内装饰方面，新铺设的深色烟熏橡木地板配合适当高度的天花板在宽敞、开放的空间中营造出一种温馨、亲切的感觉。大量的木制组件在开放的平面布局中起到定义较小空间的作用。在可触摸到的区域，设计师特别设计了很多温馨的细节元素，例如扁条钢扶手和嵌入式胡桃木挡板。

新增的结构——简洁、漆黑的木质护墙板——与洒满阳光的明亮空间在色调上形成鲜明的对比。屋后的大型滑动门窗可以使花园美景尽收眼底，并建立起室内外宜居空间的密切联系。

老建筑（20世纪50年代）

项目地点：加拿大，多伦多市
项目面积：201平方米
完成时间：2017年
建筑设计：Barora Vokac Taylor Architect Inc.
摄影：斯科特·诺斯沃西

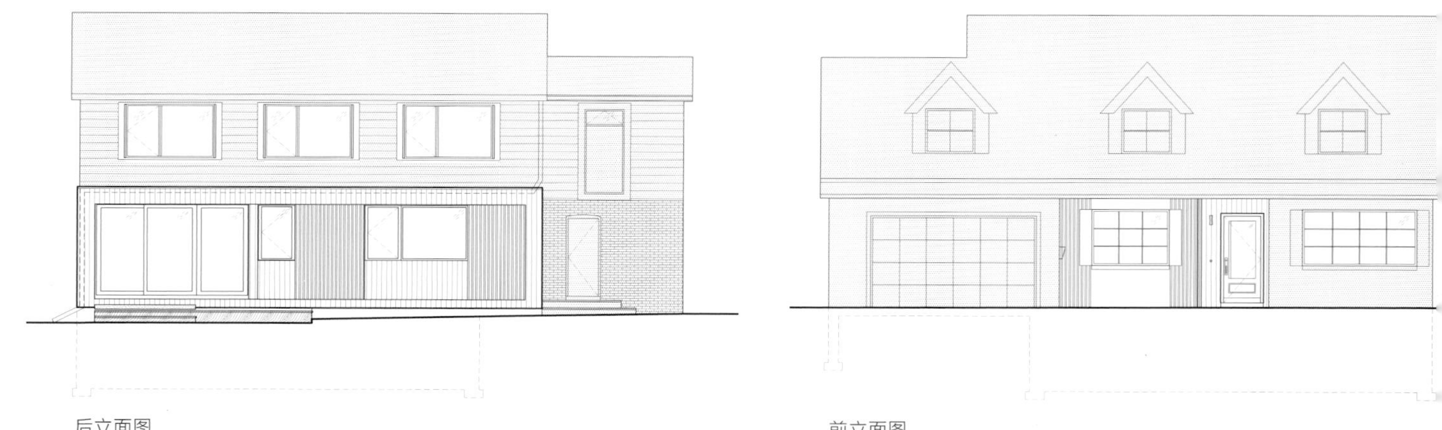

后立面图

前立面图

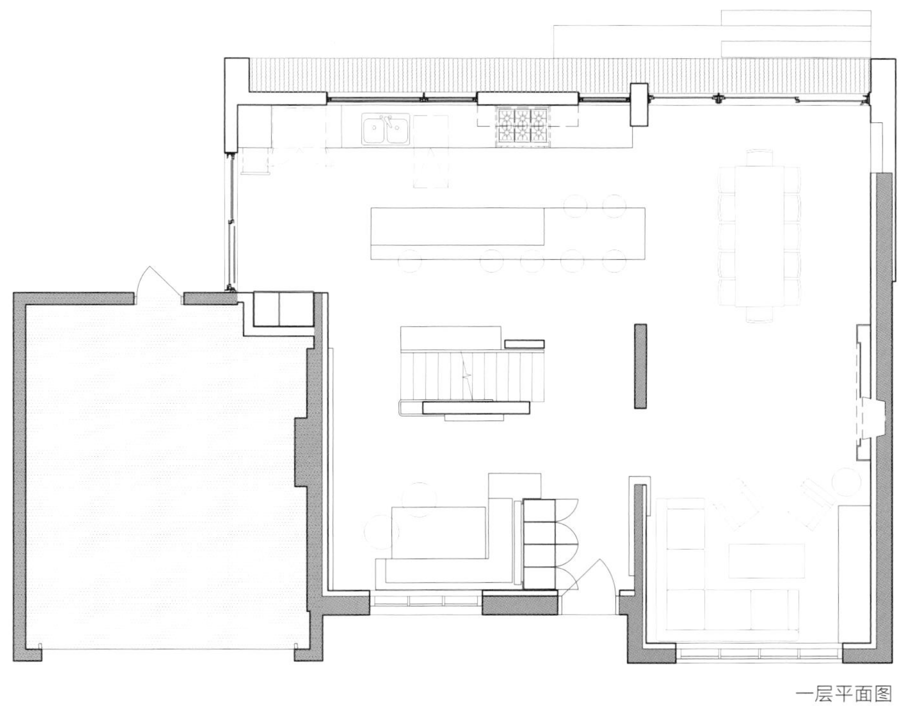

一层平面图

W宅

这栋拥有 50 年历史的房子坐落在一个高密度的住宅小区内。这里的房屋均为台湾典型的三层联排别墅。这栋长方形房屋主要有两个问题：采光差，这对于这种特殊造型的房屋来说十分常见；与周围房屋之间的间距不够，对住户的隐私和安全构成威胁。此外，附近旅游景点和夜市的噪声也给业主的生活带来了很多烦恼。

为了保护业主的隐私并获得更好的视野，设计师决定从房屋的内部空间和上方空间入手对房屋进行设计。他们将房屋前立面的位置向后移，在街道和住宅区之间打造了一个起到缓冲作用的半户外空间，同时利用房屋立面上的半透明钢板网和开口结构设置场地边界，并引入自然光线、实现空气流动。他们拆除了部分天花板结构，并利用房屋中庭将三个楼层的半户外空间联系起来。这样一来，一楼的阳台被用做入门台阶，二楼的阳台被用做儿童游戏区，而三楼的主套房则可拥有郁郁葱葱的花园美景。阳光通过前后立面的大扇窗户和中庭照进房屋的各个角落。中庭的玻璃窗使房间看起来十分宽敞，甚至旁边的楼梯也是用穿孔钢板制造的，从而使光线可以从上方穿过。另外，房屋后面的阳台也被拆除，以此加大与周围房屋之间的间距。位于房屋后身的卫生间则以玻璃为隔墙，从而尽可能地获得更多的采光。

每层都采用开敞式布局。所有橱柜都靠墙而置，以使室内空间的面积最大化。室内地面铺设了白色的木地板，墙壁则采用水泥饰面，配以不锈钢、木材和玻璃等材料。以白色和灰色为主的色调有助于强化房屋内的光线反射效果和玻璃的光线折射效果。建筑师没有刻意隐藏加固的梁柱，并允许旧结构和新元素共同存在，以展现这栋翻新后的老建筑的独特品质和氛围。

老建筑（20世纪60年代）

项目地点：中国，台湾
项目面积：198平方米
完成时间：2016 年
建筑设计：太沃国际设计有限公司
摄影：萨姆·休·仕恩

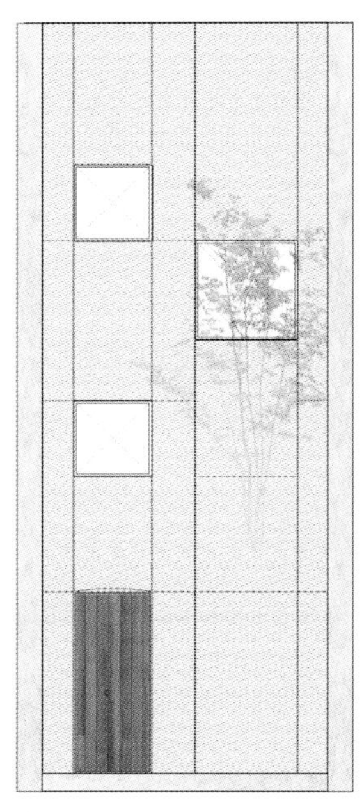

立面图

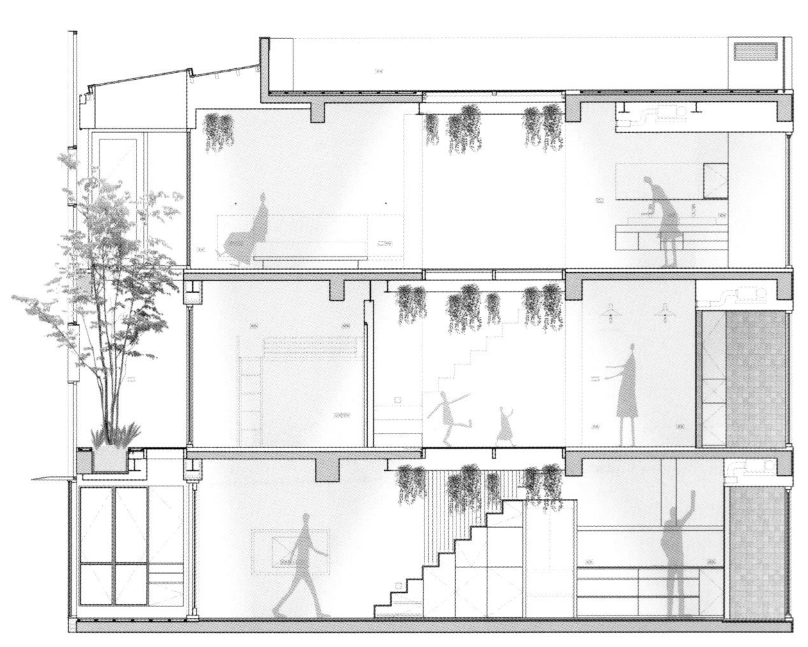

剖面图

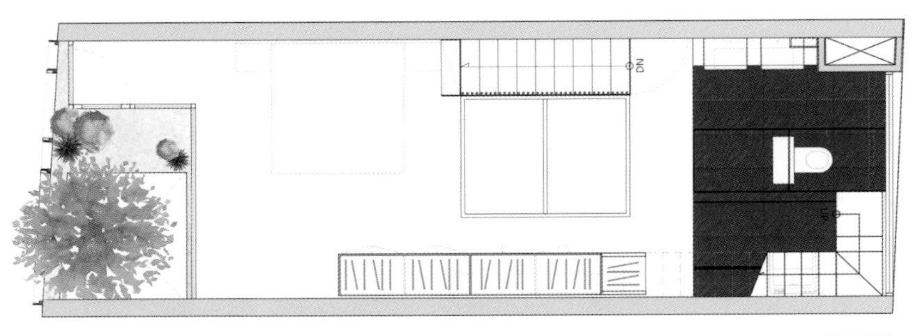

三层平面图

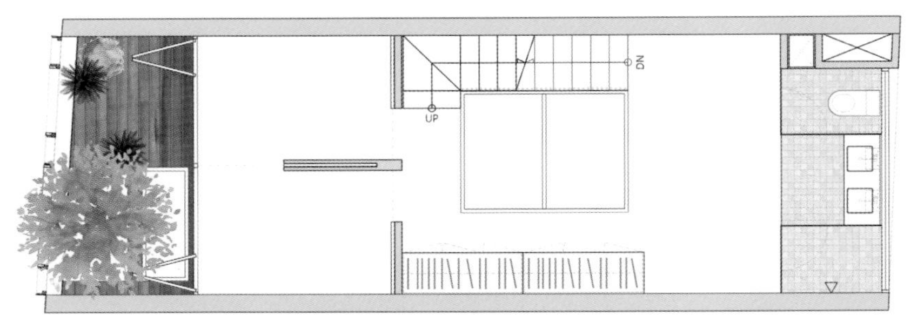

二层平面图

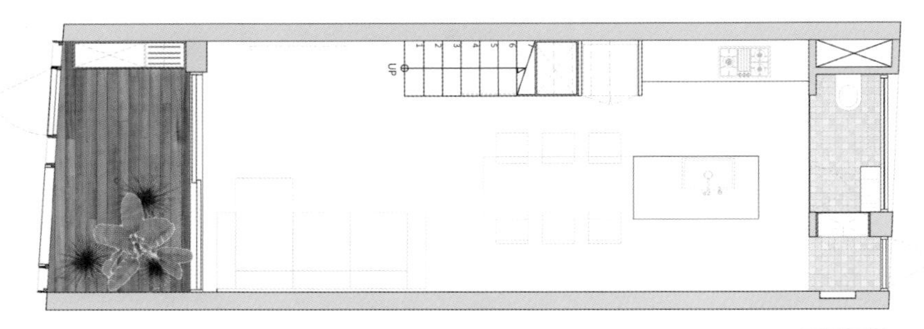

一层平面图

帕丁顿住宅

该项目的首要任务是建造一栋满足年轻家庭需求的住宅，实现室内外生活区的流畅过渡，以适合帕丁顿市温和的气候。当业主买下这栋住宅时，整体建筑情况十分糟糕。20 世纪 70 年代一次不成功的改造破坏了老建筑的历史特色，改造的格局十分不合理。

设计师对住宅进行了重新规划，希望建立室内生活空间与后院的直接联系，使后院成为室内生活空间的延伸，变得更加实用。后院的地面原本是经过铺装的，并且由于地面的水平变化而被分割成若干小的区域，而新的设计则试图优化场地的宽度，使空间更加开放。设计还为住宅增加了一个新车库，车库下面有一间地下仓库，上面是一间独立的客用工作室。

这座三层联排房屋面向街道的立面得到了修复，其西侧的多余空间也被整合到室内，这个简单的举措改变了整栋住宅，所有房间均被打开并与这个高挑的空间联系起来。设计师在紧靠相邻住宅的一侧修建了一堵新墙。这是一堵起到结构支撑作用的混凝土砌块墙，外层以垂直木板覆盖。而房屋原来的侧墙被打通，将自然光引入卧室、主楼梯和浴室，创造了一个连通所有房间的狭长的三层通高空间。这个新空间安装了玻璃屋顶，在不改变原有联排房屋风格的同时使空间变得通透、立体。

在这个三层通高的空间内，主楼梯将自然光线引入住宅内原本最黑暗的空间。这处楼梯是全新的，与原来的楼梯成 90 度。考虑到大多数联排房屋都有宽度不够的问题，为了尽可能地在视觉上增加各楼层的宽度，设计团队将楼梯旋转 90 度，以此节省楼梯周围所需的流通空间。这样一来，楼梯空间看起来就像是一个没有后墙的房间，居住者可以沿着楼梯往上走，亲自感受一下西侧楼梯井的高挑设计。

老建筑（1885年）

项目地点: 澳大利亚，帕丁顿市
项目面积: 235平方米
完成时间: 2016年
建筑设计: MCK Architecture & Interiors, Juicy Design
摄影: 道格拉斯·弗罗斯特

84

设计团队设法通过在玻璃隔断上安装黑色的框架，产生一种使眼睛透过框架看到更远地方的效果，最终达到在视觉上扩展内部空间的目的，而业主希望将玻璃隔断设计成更小的窗格玻璃。小窗户是帕丁顿地区很多原始建筑的一个典型特征。

在室内设计中，地面铺设的是由用石灰处理过的橡木复合地板。设计团队用细木工制品和中性的色彩搭配打造了一种柔和的氛围，而用木材打造的地板和西侧墙面也为空间增添了一抹暖意。空间中央的黑色细木工制品与其他元素形成鲜明对比，制造一种错觉，使人们觉得它只是一件随意摆放在住宅内的家具。但真实情况是，它不仅起到隐藏厨房的作用，还起到承重墙的作用。

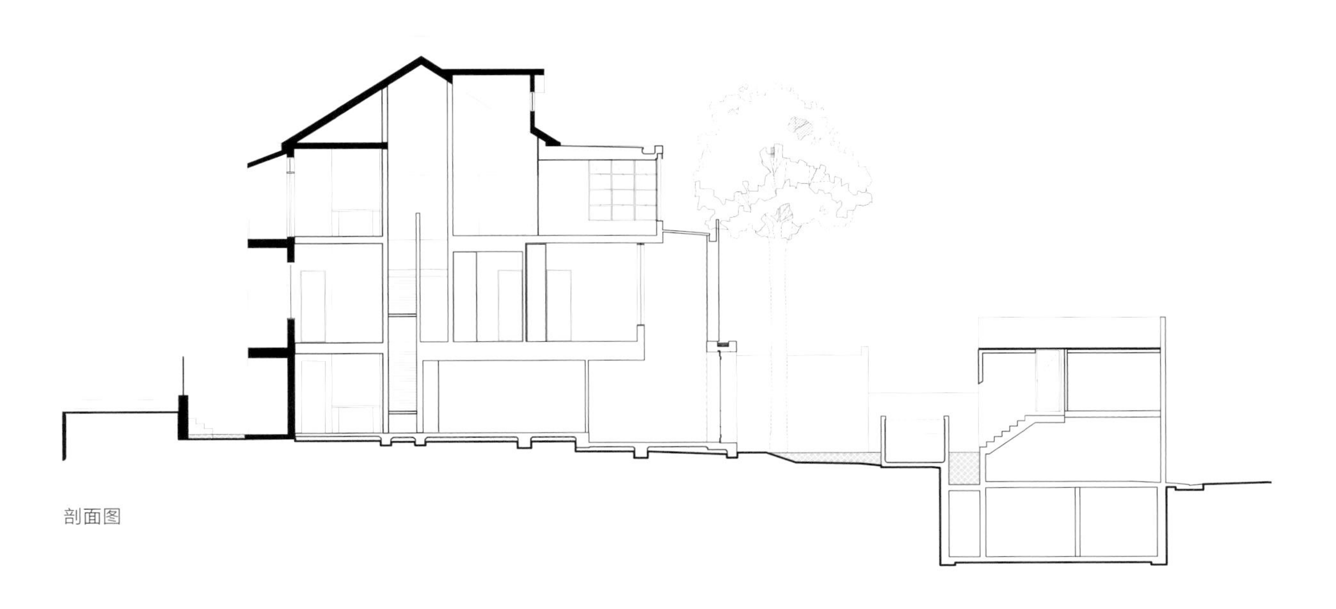

剖面图

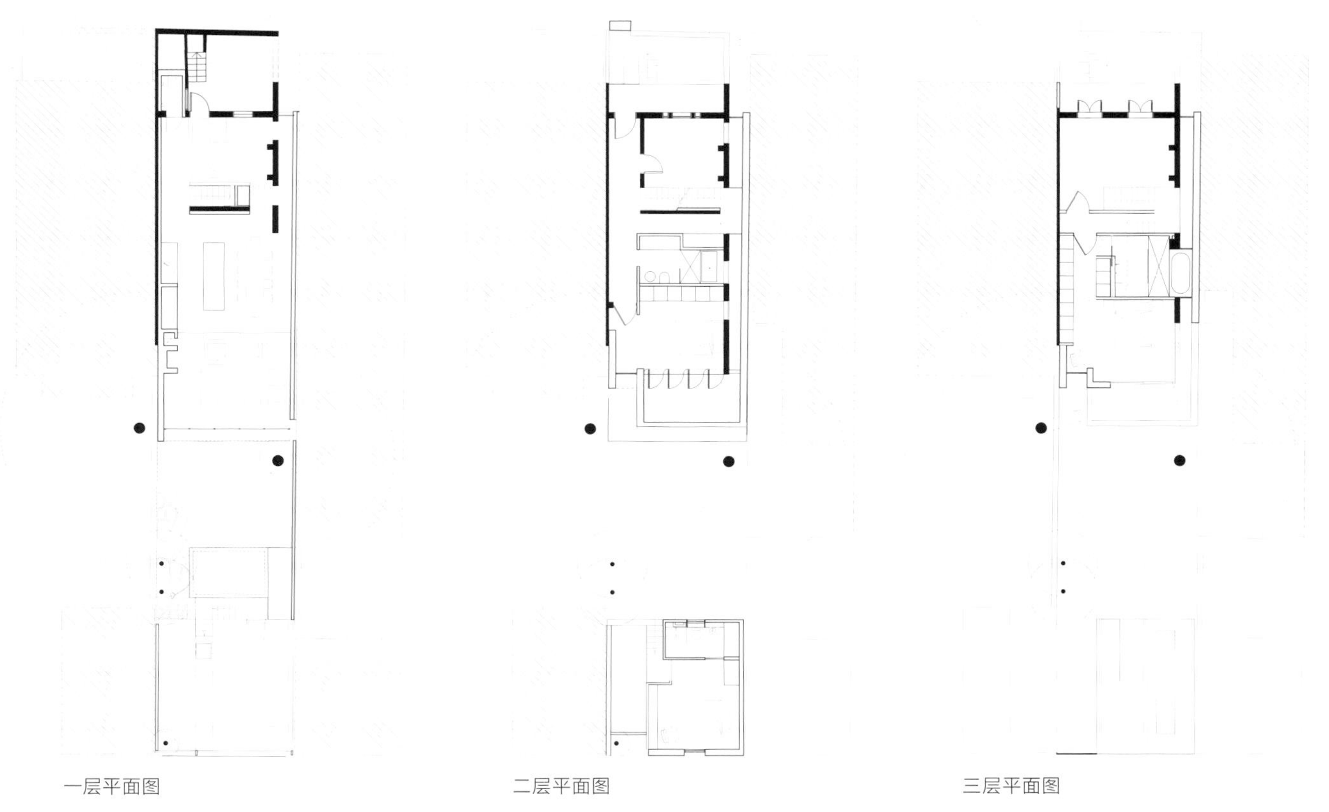

一层平面图

二层平面图

三层平面图

23号联排房屋

该项目位于的敦依斯迈花园地区是中产阶级的聚居地，最早开发于 20 世纪 70 年代。这是一栋由单层住宅改造而成的双层联排式住宅，有大扇的开窗、玻璃栏杆和极简主义风格的安全栅栏和门。黄昏时分，整栋房子像一个巨大的灯笼，在水泥门廊前的地面上投射出超现实主义的影子。客厅的墙壁上裸露的砖块诉说着老建筑的故事。

这栋住宅的设计遵循“形式服从功能”的原则，将居住者的需求摆在第一位。一层采用开放式格局，设有客厅、餐厅和厨房。客厅保留了裸露的砖墙，体现老建筑的痕迹。混凝土天花板没有做石膏吊顶，以减少 VOC 的排放量。此外，客厅有两扇巨大的折叠门，通向一个有浴室的多功能房间（客房 / 音乐房）。餐厅和客厅之间摆放了餐桌作为隔断。餐桌的桌面由一整块木板雕刻而成。而厨房中，一块长长的大理石台面和不锈钢橱柜将干湿厨房连接起来。

设计师在一层设计了一座金属旋梯，占据客厅的一小部分空间。楼梯连接着屋顶花园和各个房间。这种布局在保证主卧私密性的情况下允许客人进入楼上的开放空间。主卧内设有玻璃浴室，在视觉上扩大了空间。

老建筑（20世纪70年代）

项目地点：马来西亚，吉隆坡市
项目面积：645平方米
完成时间：2015年
建筑设计：DRTAN LM Architect
摄影：H. Lin Ho

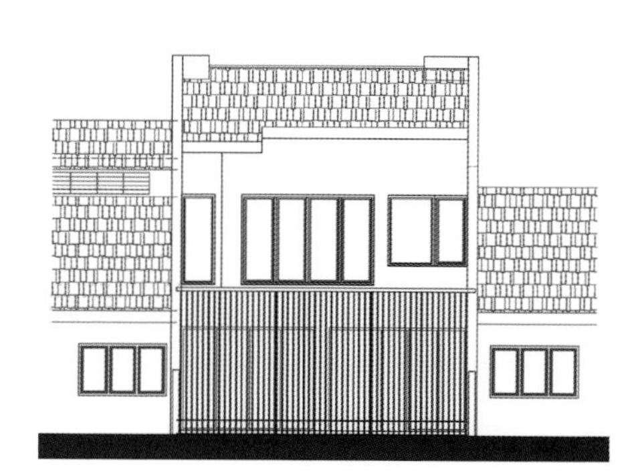

前立面图

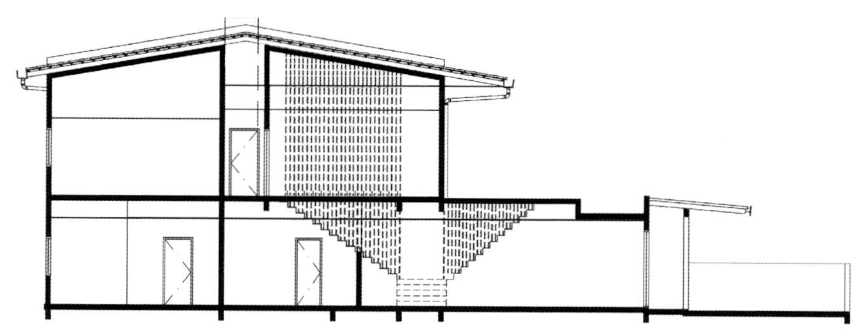

剖面图

屋顶花园是为了应对酷热天气而设计的，其中三分之二的区域是水泥地面，其余部分是草坪。出于隐私和隔音方面的考虑，设计团队在露台四周筑起了砖墙，但砖墙上的玻璃窗仍然连接着远处的风景。

为了解决室内通风问题，设计团队安装了两个风力涡轮机，与内置通风口处的钢框架玻璃锥体形成“烟囱效应”，实现房屋的自然通风。三级差速器足以通过对流使涡轮机旋转。

此次改造以全新的建筑形式和高度使这栋 20 世纪 70 年代的单层建筑恢复了生机。这一住宅项目是该小区向绿色建筑迈出的一小步，让社区居民了解到了绿色改造的重要性。

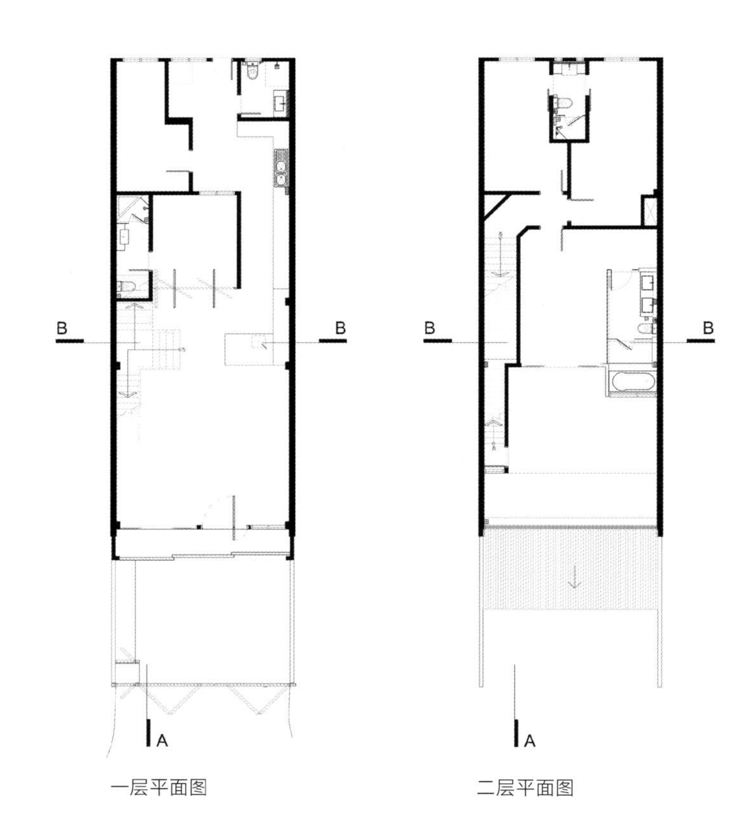

一层平面图　　二层平面图

金斯伍德住宅

项目场地内的原有建筑在多次地震中遭到损毁。业主决定保留原来的屋顶桁架，对其进行再利用，因此桁架成为新建筑的一个重要特征。设计团队用生锈的金属板和裸露的螺丝对桁架进行了加固。

新建筑的外围结构需要符合工业港区的气质，以遵守城市规划对建筑遗产改造的限制条款。因此，设计团队保留了建筑的原有形态，仅对建筑的结构和覆面材料重新进行了诠释。

业主希望有一个可以欣赏到港口景致，但又能够保护隐私的开放空间。设计团队为此在外立面上设计了巨大的钢木混合框窗户。业主可以从这里欣赏到港口和山丘的壮阔美景。

出于对 2011 年大地震事件的反思，设计团队决定将室内的大型钢结构和支撑元素裸露在外，以展现房屋设计的安全性，并增加室内各空间的视觉联系，避免空间过于分散。墙面是用 SIP 轻质材料（隔热板结构）打造的，以获得更好的隔热性能。

在住宅格局上，设计师营造了一种面向南开放的感觉，将访客的注意力引向起居空间，同时在房间的北部打造了一个相对私密的区域。这样一来，虽然整个空间是宽敞、开阔的，但也有很多给人以安全感的私密空间，使业主可以在这栋房屋内感受到多种不同的氛围。

老建筑（1913年）

项目地点： 新西兰，克赖斯特彻奇市
项目面积： 379平方米
完成时间： 2015
建筑设计： MC Architecture Studio
摄影： 米克·史蒂芬斯

BAKERY
+
CAFE

WAIPOUNAMU
THE SOUTH ISLAND

TROCADERO

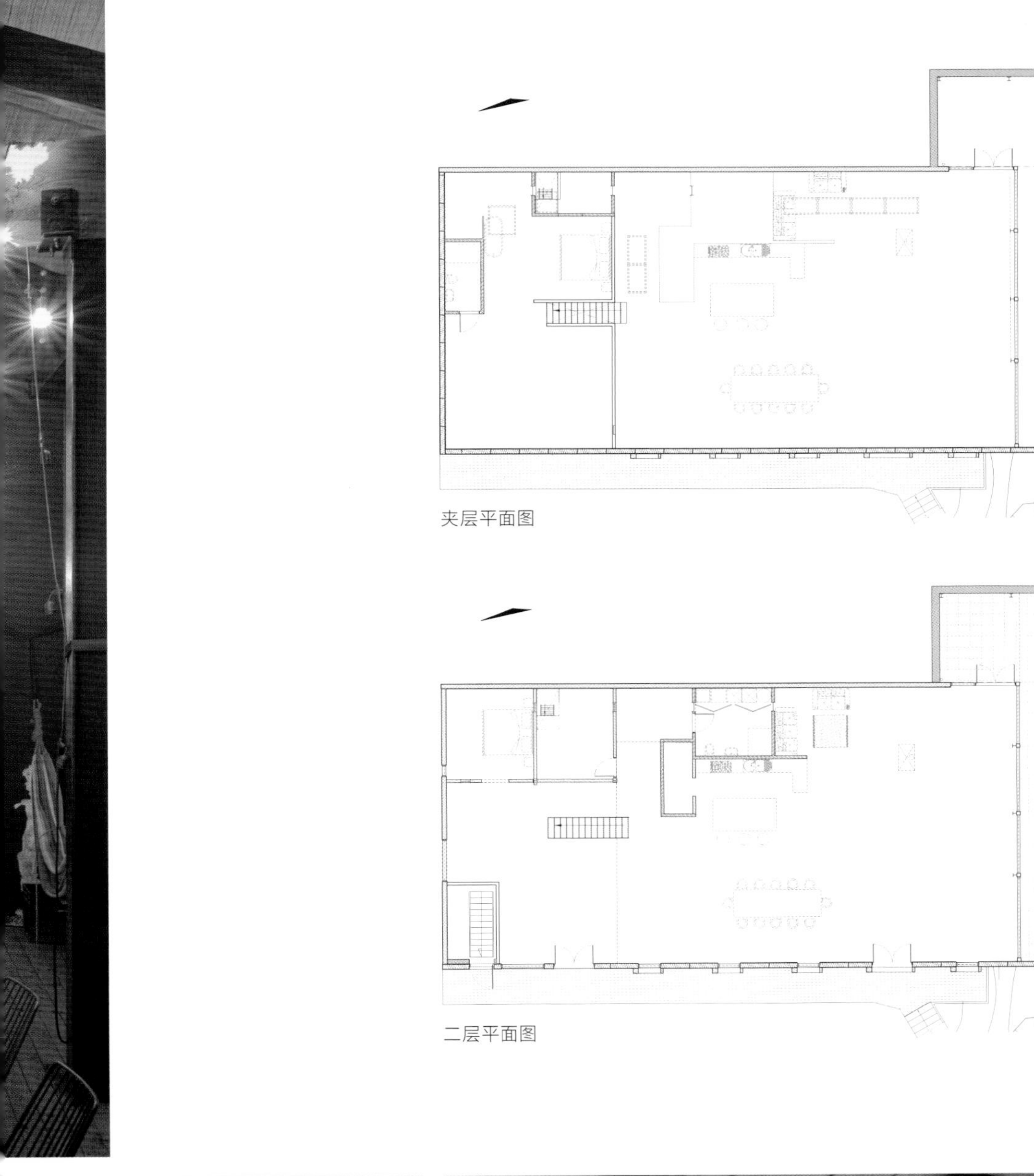

夹层平面图

二层平面图

非凡住宅

该项目位于海牙市，房屋年久失修，此次翻修需要彻底加固整栋房屋的地基和承重结构，为原本常见的公寓翻修工程带来了很多可能性。

雄心勃勃的设计愿景和业主的极大信任成就了这一要求严苛的改造项目。据业主说，砖石结构和玻璃框架等细节和极具特色的房间分隔形式是他们买下这栋房屋的决定性因素。建筑的传统风格与现代技术之间的冲突在新的设计规划中变得十分明显。从一楼到三楼，面向街道的传统建筑立面恢复了往日的神采，而后立面则被彻底地改变。后立面被拆除并安装了 11 米高的玻璃面板，但是每一层房间的地板都没有直接连接到玻璃立面，从而在玻璃窗前形成了一个三层通高的空间，可以使各层的房间都获得充足的采光。

走廊与客厅之间的承重墙被一个钢结构取代，形成了净高 2.4 米的四层扩建结构。这四层楼与现有楼层保持开放性联系。房屋后身还增建了一个三维的 L 形结构，有五层楼高，盘旋而上的钢楼梯可以通往这里。楼梯给房屋内的各个空间带来了新的活力，也使业主和客人都有独立的生活空间。从垂直方向上看，L 形结构的末端是配有按摩浴缸的屋顶露台和位于较低楼层阳台上方的外部厨房。空隙、错层和玻璃立面相互作用，在室内外空间之间及现有楼层和扩建楼层之间创造了一种绝佳的视觉效果。对业主来说，这栋住宅为他们带来了不平凡的生活体验。

老建筑（19世纪晚期）

项目地点：荷兰，海牙市
项目面积：225平方米
完工时间：2011年
建筑设计：Personal Architecture
摄影：勒内·德·威特

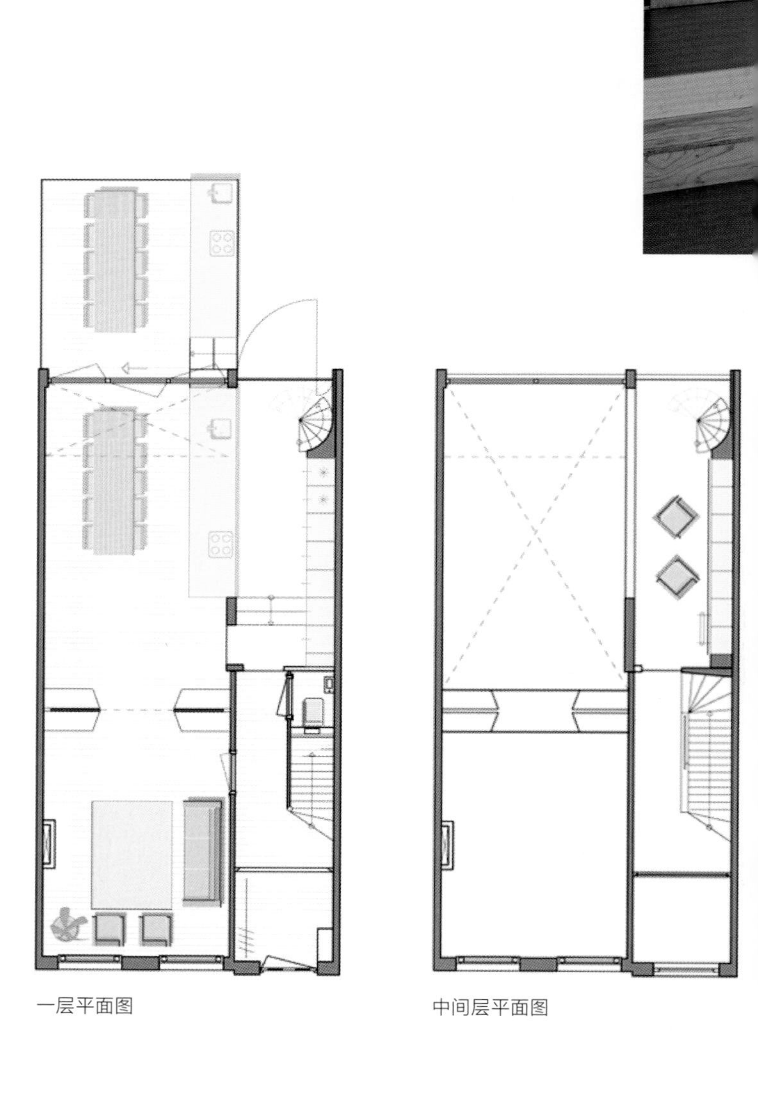

一层平面图

中间层平面图

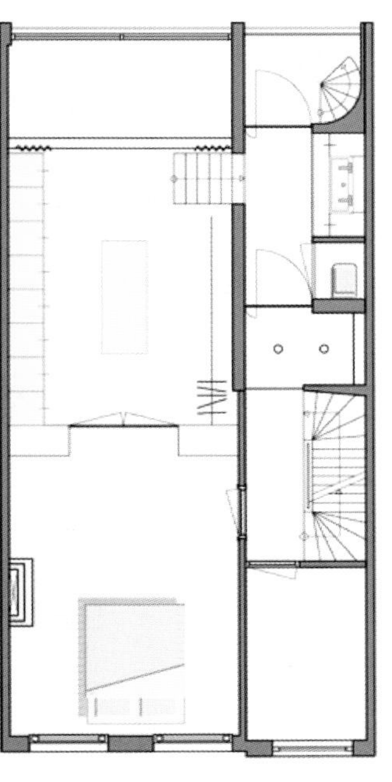

二层平面图

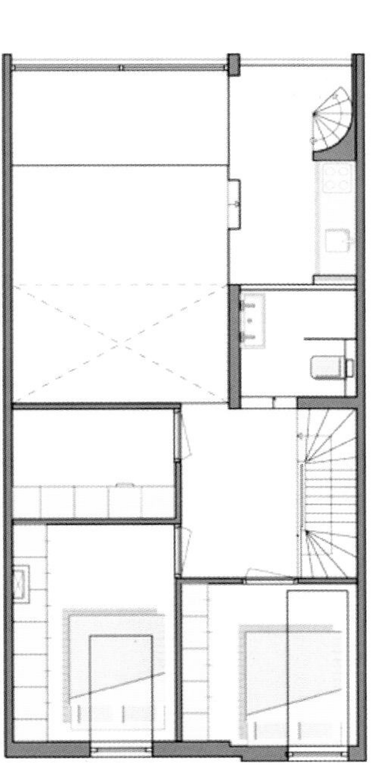

三层平面图

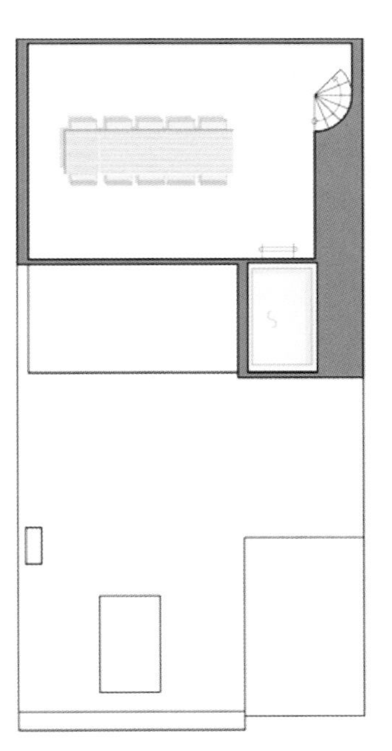

屋顶平面图

92
94

第二章

极简的现代生活方式

雷尼埃老宅

典型的布鲁塞尔式房屋通常是将一栋三室的住宅按照纵向的格局建造。挨着街道的房间是会客空间，后院的房间是服务用房，而缺少阳光直射的中心部分则通常为次要空间。这栋位于伊克塞勒的漂亮房屋也不例外地采用了这种格局。

此次改造充分利用这种布局结构，将这栋房屋的一、二层融合为一个空间。在挨着街道的一侧，设计师保留了房间的体量，并修复原有的内部装饰，从而几乎彻底恢复房间的原貌。

原本位于中间的次要空间被拆解和改造成连接各层的中央楼梯。这种设计的灵感来自比利时建筑师维克多·霍塔。一个世纪前，他通过在房屋中间安装楼梯来改善空间的视觉连通和采光，颠覆了典型的布鲁塞尔住宅的规划。此项目中，楼梯与夹层的大型平台相连，不仅可以作为房子的交通空间，也可以用于举办各种活动，从而变成了一个起居空间。

在花园一侧的房间中，所有不具有历史价值的地板和墙壁均被拆除，以腾出空间建造新的卧室。设计师使房子的底层随着混凝土楼梯的降低而低于街面层，以便使厨房、餐厅和花园相连。这种错层的底层布局对扩建楼层进行了整合，满足了业主提出的设计要求。

老建筑（1910年）

项目地点：比利时，布鲁塞尔市
项目面积：357平方米
完成时间：2018年
建筑设计：MAMOUT architects and Atelierd' architecture AUXAU
摄影：Guy-Joël Ollivier, guyjoel.tumblr.com

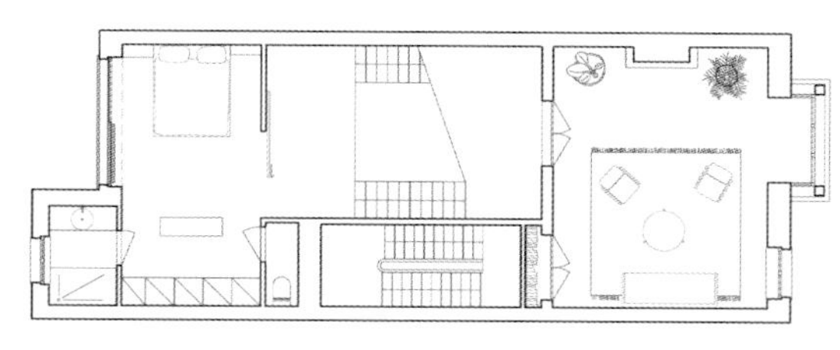

三层平面图

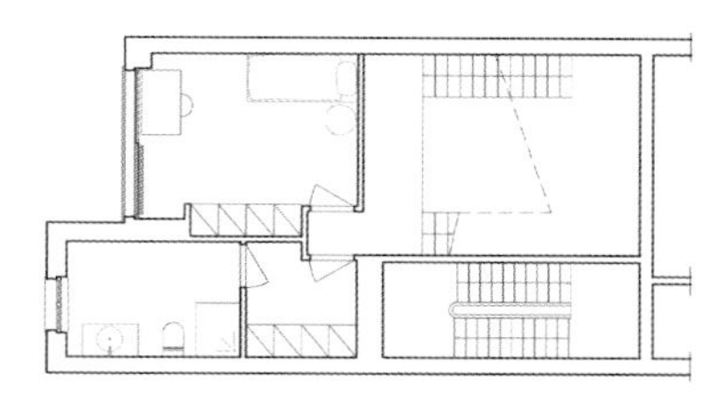

夹层平面图

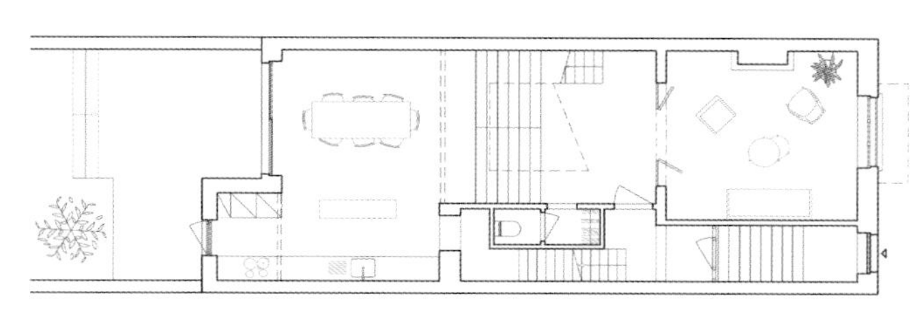

一层平面图

轴测图

福斯特路度假寓所

老建筑（1850年）

项目地点：美国，爱荷华州
项目面积：126平方米
完成时间：2017年
建筑设计：Neumann Monson Architects
摄影：Integrated工作室

多年以来，这座 19 世纪 50 年代的福斯特路老宅经历了多次改造，增加了如装饰性屋顶窗、不协调的附加建筑、如洞穴般深邃的门廊等很多元素，使原始的建筑结构被层层包裹。此次改造的目标是拆除这些元素，对建筑进行重新设计，使之成为一栋舒适的现代化住宅。设计团队保留了原有的外墙材料，并参照业主在房屋老照片中发现的图案为这栋住宅打造了一个全新的菱形镀锌屋顶。

改造后的房子外表设计朴素，但内部十分宽敞。功能完备的厨房位于住宅北部，采用了墙壁内嵌式方案安置厨房设施和橱柜。在烟囱和楼梯的另一侧，设计师采用了相似的手法，利用内置收纳架增加书房南侧空间的深度。为了保留老房子之前的使用痕迹，修复原有的内墙砖石给设计师带来了很大的挑战，因为大面的墙壁已坍塌，重建工作十分艰巨。此外，设计师还用废弃的木材打造了地板。

原先的石砌壁炉也被保留下来，倚着壁炉的是一个盘旋而上的钢制楼梯。这也是改造中最有挑战性的部分之一。与楼梯有关的所有元素都经过细致的设计，达到了既不影响室内空间，又不牺牲装饰性效果的目标。楼梯是用深色的实木板材和焊接的钢结构装配而成的，简洁的扶手支架直接固定在砖墙上，钢制纵梁对钢制踏板起到提拉作用。

楼梯通往楼上私密的卧室。这里的空间较小，但设计师用大面积的玻璃窗为房间带来窗外的美景。全玻璃天窗消减了头部空间狭小的压迫感，使白色的松木地板沐浴在阳光中，也带来了天空的颜色。设计团队从美学角度对屋顶的采光窗给住宅的外观带来的影响予以协调。从老屋顶结构保留下来的角落和缝隙都被规划为家庭生活空间（更衣间、浴室和洗衣间）的一部分。

这栋度假寓所融入了极简主义设计和节能设计，也展现了新旧结构交织的效果。它没有沉湎于过去或是盲目保留固有的家具和饰面，而是表达了对质朴农舍的深深敬意。最终设计师为业主打造了一栋舒适的现代化住宅。

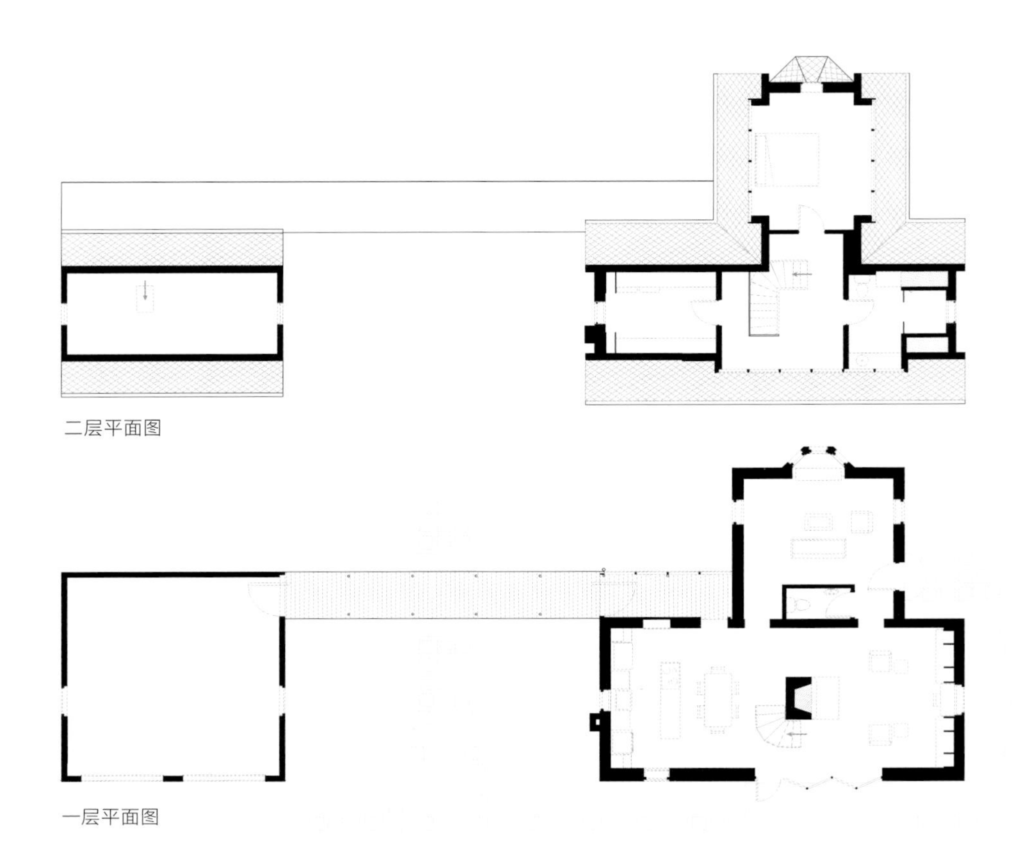

二层平面图

一层平面图

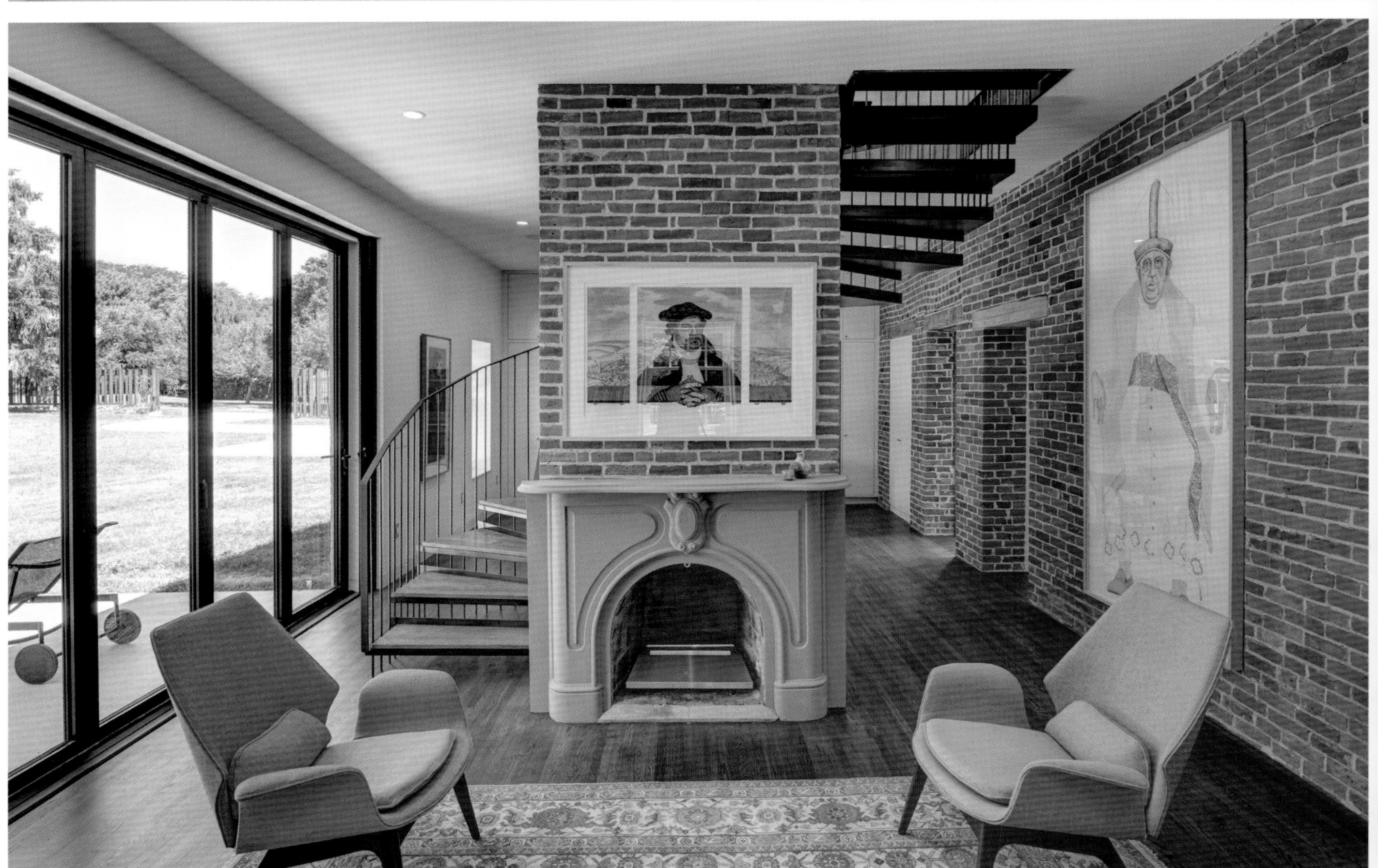

布尔恰戈老宅

项目场地位于意大利布尔恰戈市周围的山上。这里的建筑具有明显的20世纪70年代的风格。设计团队在保持建筑原有特色的基础上对房屋的格局进行了改造，重新定义了建筑的整体风格。设计在新的竖向维度为原来的横向复式建筑赋予了新的生命，使每个房间均可获得花园的全景视野。

一楼东北方向是一个单层房间，西南方向则是一套两层的复式单元房。在较大的复式单元房中，设计师以一个新的楼梯开始对二层的空间布局进行了重新定义。楼梯是用白色涂层的金属制成的，看起来好像悬挂在厨房区域上方的椭圆形天窗上，为餐厅增添了些许趣味。

所有的厨房家具都是定制的，采用了深色的木材，与浅色的墙壁和宽阔的过道门形成对比。这些家具，例如储物长凳和一个带料理台的多功能岛台，与楼梯一起完善了厨房空间的设计和功能。水磨石地板与二层原有瓷砖的颜色相互呼应。

在二层，新浴室被斜插入现有的布局中，增添了空间的活力，而起居室和琴房中间以楼梯为隔断，形成具有流动感的开放式空间。一些圆形的开窗引入了更多的阳光，成为起居空间的设计特色。主卧有两处特别的设计：一个步入式衣橱和一个通往新三角阳台的私人通道。所有的饰面均是对原设计的再诠释。一楼的特点是增加了很多镜子，将室内空间与包括地下小型夏季日光浴场在内的户外区域联系起来。

老建筑（20世纪70年代）

项目地点：意大利，布尔恰戈市
项目面积：150平方米
完成时间：2017年
建筑设计：Francesca Perani Enterprise + Bloomscape Architecture
摄影：弗朗西斯卡·佩拉尼

原有的开窗均被保留下来，但被添加了双色窗框（黄色和白色）和棕色卷帘。深色灰泥墙是由当地建筑类型决定的。设计师在所有墙面都开了新的小窗户，包括原本没有窗的南向墙壁。整体看起来，这些小窗户使墙面的设计产生了一种新的平衡感，并为室内空间提供了照明。

改造中另一个比较重大的举措是拆除了现有的外部楼梯，并重新设置了三角阳台。此外，采用单个铰接彩色金属元素制造的新金属格栅和大门廊提高了私密性，也增加了多功能的户外空间。设计师采用审慎的手法进行改造，用轻盈的当代手法重新诠释了20世纪70年代独有的建筑风格。

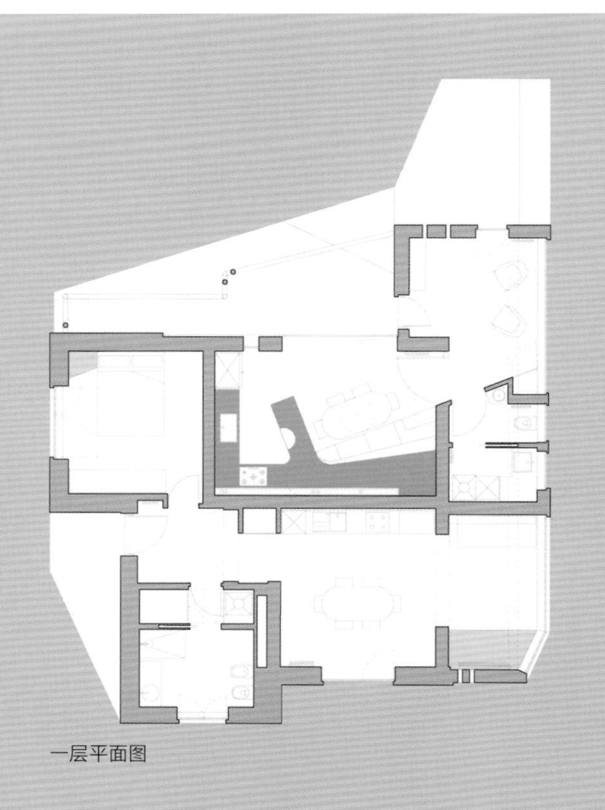

一层平面图

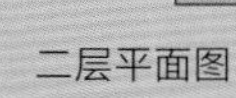

二层平面图

CC别墅

这栋别墅位于意大利撒丁岛的一个小村子中。一个多世纪以来，建筑逐渐从一个小房子发展成一个复合空间，甚至还包含两家商店和一个露台。此次改造意在恢复别墅单纯的住宅属性。

设计师拆除了所有不必要的建筑结构，露出老建筑的原有造型和规模。老建筑的走廊也被拆掉，新的走廊围绕一层和二层的两个中央空间展开。用河石建造的厚厚的墙壁上面安装了新的门窗，将中央空间与安静、私密的卧室连接起来。

一层没有安装入户门，业主惊喜地发现即使在最里面的房间，依然能够透过餐厅和厨房，看到露台的景色，由此设计师既实现了空间的连续和相互渗透，又保证了必要的私密和安静。此外，一个带浴室的客房也被安置在一层的一个角落。四间卧室、两间浴室和一个客厅被设置在相对私密和安静的二层。从二层客厅看出去，露台的景色别有一番味道。

老建筑（20世纪早期）

项目地点：意大利，撒丁岛
项目面积：260平方米
完成时间：2017年
建筑设计：Matteo Foresti Architecture Studio AB
摄影：Atelier XYZ

剖面图

露台内，设计师通过保留先前的一堵厚墙并拆除屋顶，打造了一个全新的空间："秘密花园"，一个露天的房间。这个露天的房间可以过滤从户外进入的强烈光线，使卧室和客厅获得相对柔和的采光。

建筑内外的装饰以干净的线条和白色的石膏为主导。一楼地面铺设了白色亚光大理石瓷砖，人们可以光着脚在上面行走。而二层的房间铺设了白色橡木地板。在撒丁岛强烈的阳光下，白色的墙壁已经成为家庭记忆的无声背景。

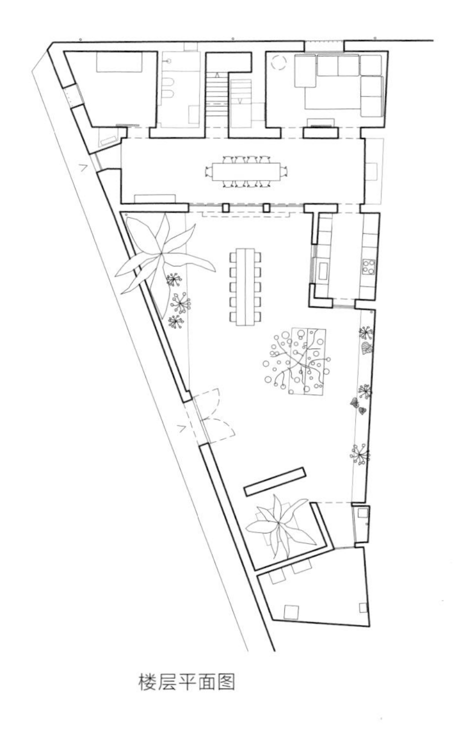
楼层平面图

西国街住宅

这是一栋位于京都向日市的百年历史木屋，房屋的主人是一对 60 岁的夫妇以及他们正在上高中的儿子。因为房主从事艺术创作工作，所以住宅也承担了画室的功能。此前，老屋经过多次改造和翻新，遗留了一些问题。业主的要求是加固现有的建筑结构，同时做出一些必要的调整，为三个居住者留出充足的空间，此外，还要保留木质结构所呈现的氛围。

设计师重新粉刷了面向西国街的住宅立面，并安装了笔直的屋檐和大型木制推拉门，以实现老式日本住宅风格与当代京都住宅风格的融合。

住宅内部空间的设计着重考虑了老人居住的舒适感和轻松感，使他们可以在日常活动中从体力和脑力的压力中解放出来。另外，设计师十分关注住宅初始的尺度、光影的平衡和新老结构之间的对比和协调。

设计保留了从老房子上拆卸下来的屋顶瓦片，并将其中的一部分重新用到花园的建造中。花园地面上的波状图案就是用瓦片、砾石和小鹅卵石拼接而成的。屋顶瓦片的侧边被垂直插入土壤中，这种常见于日式庭园或墙面上的传统技术被称为“Kobadate”。

而在结构上，设计用结实的横梁和水泥墙对住宅进行加固。由此，西国街住宅的改造既保留了一些住宅旧时的风格，又为周围的历史街道增添了一些新意。

老建筑（1916年）

项目地点: 日本，向日市
项目面积: 219平方米
完成时间: 2016年
建筑设计: Koyori
摄影: 吉田昌平

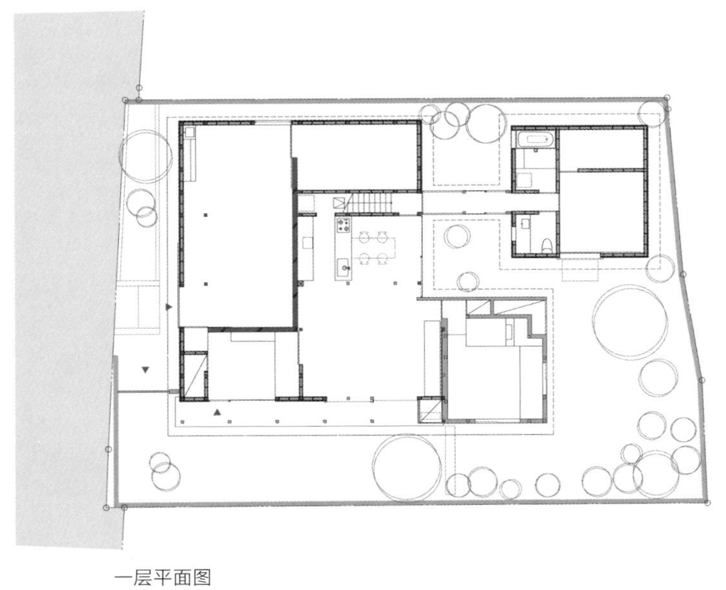
一层平面图

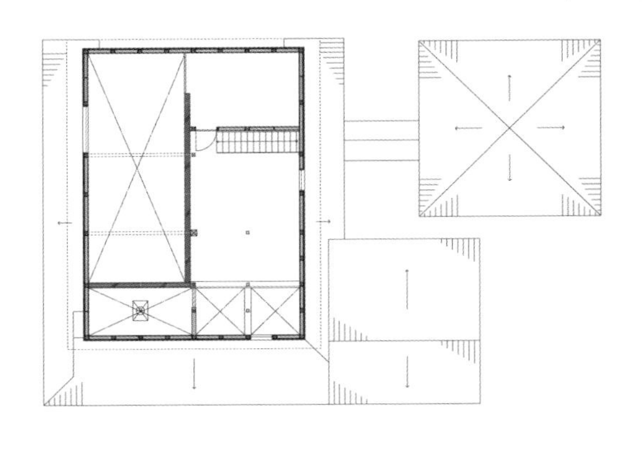
二层平面图

马里布老宅

这栋住宅最早建于 20 世纪 60 年代，有着那个时期斯堪的纳维亚建筑的特点。虽然老宅存在一些保温和结构问题，但是独特的建筑设计促使业主对其进行翻新，而非将其全部拆除。业主希望保留建筑原有特色的同时，改善几个方面的功能，并以此作为他们退休后的生活居所。

为了更好地契合斯堪的纳维亚建筑的建筑特点，老建筑的平屋顶被改造成了坡面屋顶。根据当地的法规对坡面屋顶的规定，设计团队决定通过调整屋顶的轮廓使屋顶与建筑的体量更为协调。

除了修复围墙和几个内部元素，改造的主要挑战是重新设计住宅的入口，以减少从停车场到住宅入口爬楼梯的长度。老建筑的入口原来位于三层，改造后，建筑师将其移至一层，使房子内部的动线和平面布局得以重新规划。如今越过几步台阶就可以到达入口，新建的拱门也成为建筑新的标志。

建筑的一层为客房、家庭活动室、洗衣房和储藏室。铺着木质踏板的白色钢制楼梯通往二层的公共区域——厨房、餐厅和客厅的所在地。双层通高的空间让室内拥有充足的光线，业主打开玻璃门便可以通往室外露台。这一层中以巨大石墙和独特栏杆为代表的硬质元素被完整地保留下来，但以更为现代的手法设置在空间中。改造设计为三层的主卧释放了更多的空间，并为空间增加了可以欣赏美景的开窗。室内采用简约的装饰，如浅色的木地板和朴实的墙壁，与多彩的细部设施和复古的家具等相互协调。

老建筑（20世纪60年代）

项目地点：加拿大，圣索沃尔市
项目面积：225平方米
完成时间：2016年
建筑设计：Alain Carle Architecte
摄影：拉斐尔·希伯德

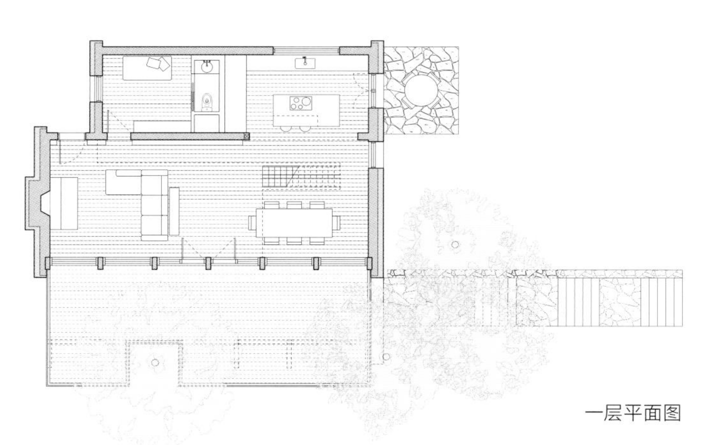

一层平面图

立面图

山间住宅

该项目位于意大利桑治奥省境内阿尔卑斯山脉海拔1000米处。业主希望将原来用混凝土砖建造的废弃建筑改造成一栋舒适宜居的住宅，并要求起居室内阳光充沛，还可以欣赏到谷底的景色。

在对地理环境、日光、建造技术及山地建筑的价值等因素进行研究后，建筑师通过一种现代的手段，运用传统的建造技术和材料，重新诠释了这栋建筑。建筑师深信这栋废弃的建筑本身就是一个极好的可持续建筑样本：它的建筑材料源于自然，其所在方位也经过仔细的考量。

建筑的外形遵循了当地乡村住宅的传统形式：单坡屋顶、石砌的墙体、没有檐口。由于这一地区的日照时数很低，建筑师从日照和采光入手开始设计，使用同一质感的石料作外墙面，增加外墙的高度，以便在北墙上开设四个同样大小的窗户，让位于二层的一个房间和位于一层的两个房间朝向阿尔卑斯山脉的美景，与此同时，将厨房和餐厅设计成两层通高的空间，从上方的天窗获得采光。建筑师以一种自然的方式获取自然采光，满足业主要求的同时也降低了能源损耗。

建筑师采用钢筋混凝土及混凝土砖块对结构进行加固，同时使用热保温系统确保室内的舒适性。外墙以当地的石材进行包覆，屋面则由一片片的粉刷成白色的木板构成。防盗门窗使用双层玻璃，窗框是用清漆刷过的未经处理的松木条制成的。

为了保持建筑的历史感，大部分室内设备都是由当地手工艺人制作而成。同时，建筑师尽可使用有限的材料，如混凝土、松木、铁、木材和不锈钢等来打造室内家具。因此房屋内诸要素，如壁炉、桌椅、楼梯、马桶、水槽、淋浴设施、厨房用具等，都呈现出与整座房屋相得益彰的设计感。在灯具的选择上，建筑师也有意选择那些历史悠久的品牌。

老建筑（20世纪60年代）

项目地点： 意大利，皮亚泰达市
项目面积： 75平方米
完成时间： 2015年
建筑设计： Alfredo Vanotti Architetto, EV+A lab Atelier d' Architettura & Interior Design
摄影： 马尔塞洛·马里亚纳

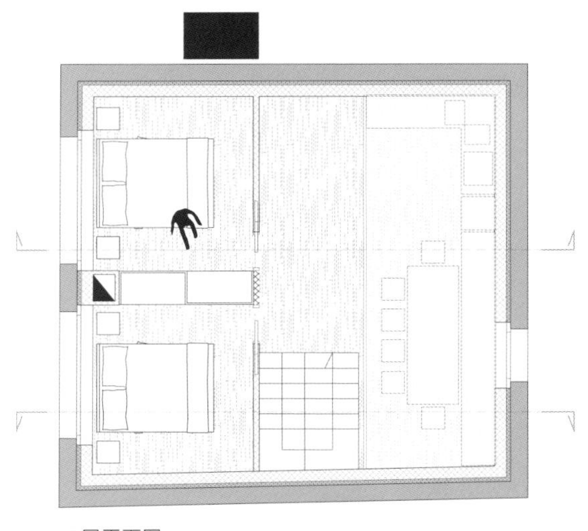
二层平面图

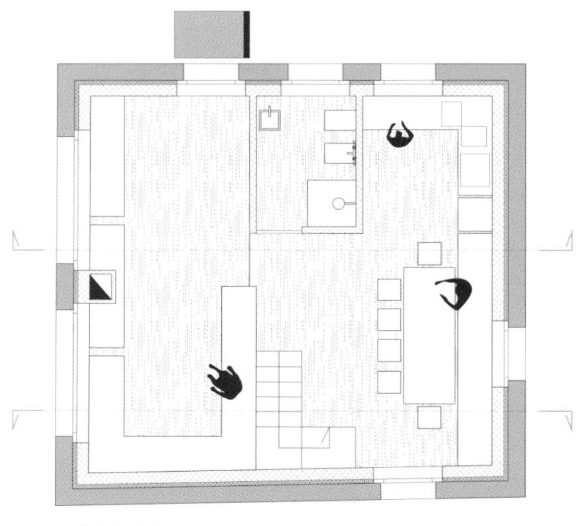
一层平面图

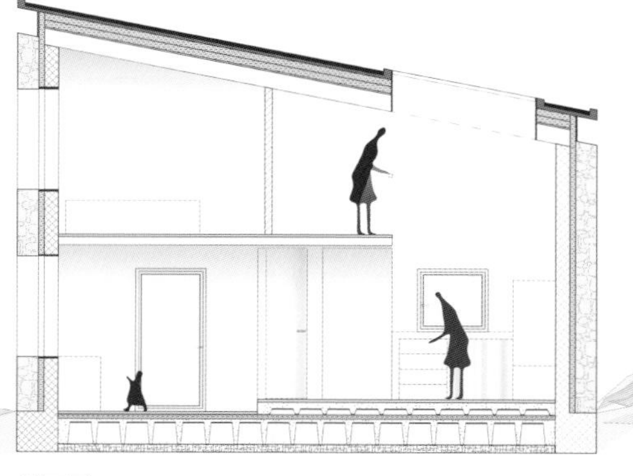
剖面图

一乘寺住宅

在京都郊外，设计师通过审慎地平衡现代与传统之间的关系，改造了这处独一无二的安静居所。设计团队采用传统饰面和工艺改造了一栋联排住宅。业主是一位澳洲籍丹麦家具制造商，他希望把家变得现代化的同时，保留传统日本住宅独有的特色。为此，设计师的首要任务是设法将现代的生活方式融入传统的居所，得到现代与传统的平衡和对比。

这栋住宅最初建于1961年，是一座容纳四户人家的排楼中的一栋，属于典型的日本战后联排式住宅。原建筑荒废了半个多世纪，但大致原貌维持至今。该项目的任务是对现有的房屋进行大面积翻新，并在后方进行小型扩建，以容纳新的室内管道，并增加住宅使用的灵活性。

不同于日本许多类似的翻新改造项目——采用耐用性低的预制系统抹去历史建筑的特色，该项目以现代方法运用传统技术和材料，使房屋的传统特色得以保留和增强。染色壁纸、涂漆地板和木工节点，等等，每个元素均是用传统技术手工打造而成的。

老建筑（20世纪60年代）

项目地点：日本，京都市
项目面积：50平方米
完成时间：2015年
建筑设计：Atelier Luke
摄影：北田永治，Atelier Luke

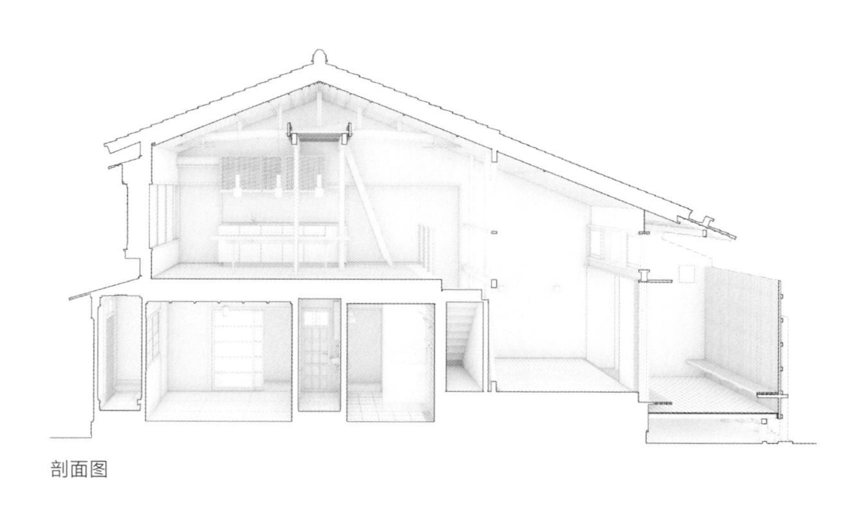

剖面图

现有的木结构元素时而隐藏、时而暴露，是对传统日本建筑风格及方法进行的实验和偶尔的颠覆。例如，巨大的弧形屋顶梁从前是被隐藏起来的元素，而在这栋住宅内却变成了醒目且具有雕塑感的造型。

在功能布局方面，设计团队彻底调整了住宅原有的设计，将起居空间设置在楼上，而私密空间设置在一楼。这样就形成了一个既灵活又富有层次的起居、就餐和厨房空间，改善了业主的空间体验。起居空间与庭院通过层层滑动的木门和纸屏相连，增加了室内的户外视野，也大大提升了室内的宽敞感。

原先位于一楼的厨房被改造成日式传统卧室，这里有典型的日式元素，如榻榻米、障子和手工制作的壁纸。一楼的外屋被拆除，用于扩建一间新的浴室和厕所。在这些私密的小空间里，涂漆壁纸带来了一抹活泼的亮色，与起居室温暖的中性色调形成对比。

建筑师还为住宅设计了一系列的定制家具。日本橡木橱柜与独特的铜制台面及管道结合起来，产生了一种现代的美感。一张固定的橡木餐桌以建筑本身结构作为桌腿支撑，几乎悬浮于空中。最后，一架木梯通向小阁楼，也吸引住户去触摸其经过精雕细琢的元素。

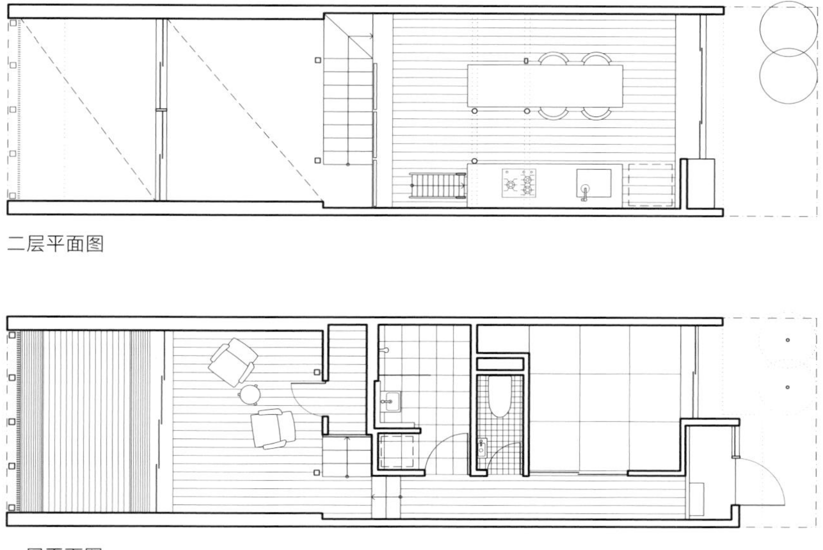

二层平面图

一层平面图

滨海森林别墅

这栋滨海森林别墅建于 20 世纪 50 年代，坐落在西雅图市以北的一个树木繁茂的安静地段。设计团队在保留原有结构的基础上对房屋进行了彻底翻新。改造后，宽大的窗户和屋顶的玻璃天窗使别墅好像一幢林中的玻璃屋。

设计团队对别墅的平面进行了重新规划，以打造宽敞、明亮的主卧和主卫。客厅和餐厅的面积也略有增加，并增设了屋顶天窗，将柔和的自然光线引入室内空间。扩建后的厨房内设有用石英和铸制玻璃打造的料理台，一侧料理台连接着玻璃窗，引进了窗外的风景。

设计师保留了原有的铁杉木天花板和冷杉木梁，并在必要的位置对冷杉木梁做了增补。现有的水磨石地面也被重新翻修，新铺的水磨石地面的色彩与原有的天花板的色彩形成互补。

在室内其余部分的设计中，设计师使用了新材料，以便在纹理和色彩上与原有材料形成鲜明的对比，但是新材料遵循了原住宅简约、纯净的风格。其中，柜子的材料主要为樱桃木板，其表面粗糙的部分通过数控雕刻机被铣削加工，从而产生“编织木纹”的效果。与餐厅和厨房相邻的墙面被风化钢板完全包覆，钢制墙面上的悬挂式结构使用了树脂板或樱桃木，这两种材料与斑驳的钢板形成了鲜明的对比。

老建筑（20世纪50年代）

项目地点：美国，西雅图市
项目面积：491平方米
完成时间：2012年
建筑设计：FINNE Architects
摄影：本杰明·本施奈德摄影工作室

在细节设计中，设计师秉持了“精雕细琢的现代主义”理念，用个性化的手工材料和物品，丰富现代主义美学，包括用铸制玻璃打造的厨房料理台、钢制墙板和悬挂式钢制镜框、人工吹制的玻璃照明设备和定制家具等。主卧与主卫之间的玻璃墙被替换成带有手绘图案的毛玻璃，玻璃底部的图案十分密集，但从下往上逐渐透明，从而保证了空间的私密性和通透性。

可持续设计也是这个项目的重要特色。水磨石地面下方的地暖设施提供了均匀的热源，可以发挥最大的能效；天窗将自然光线引入室内；机械化设备解决住宅夏季的通风问题。项目设计用到了很多绿色材料（例如树脂板、石英料理台、油毡、低挥发性有机化合物涂料和可持续木制品）。但最重要的是，翻新改造工程本身就是可持续的，它获取了 20 世纪 50 年代住宅所蕴藏的所有能量。如今，这栋房屋已重获新生，这也说明了一个非常重要的可持续性原则：好的建筑可以使用很多年。

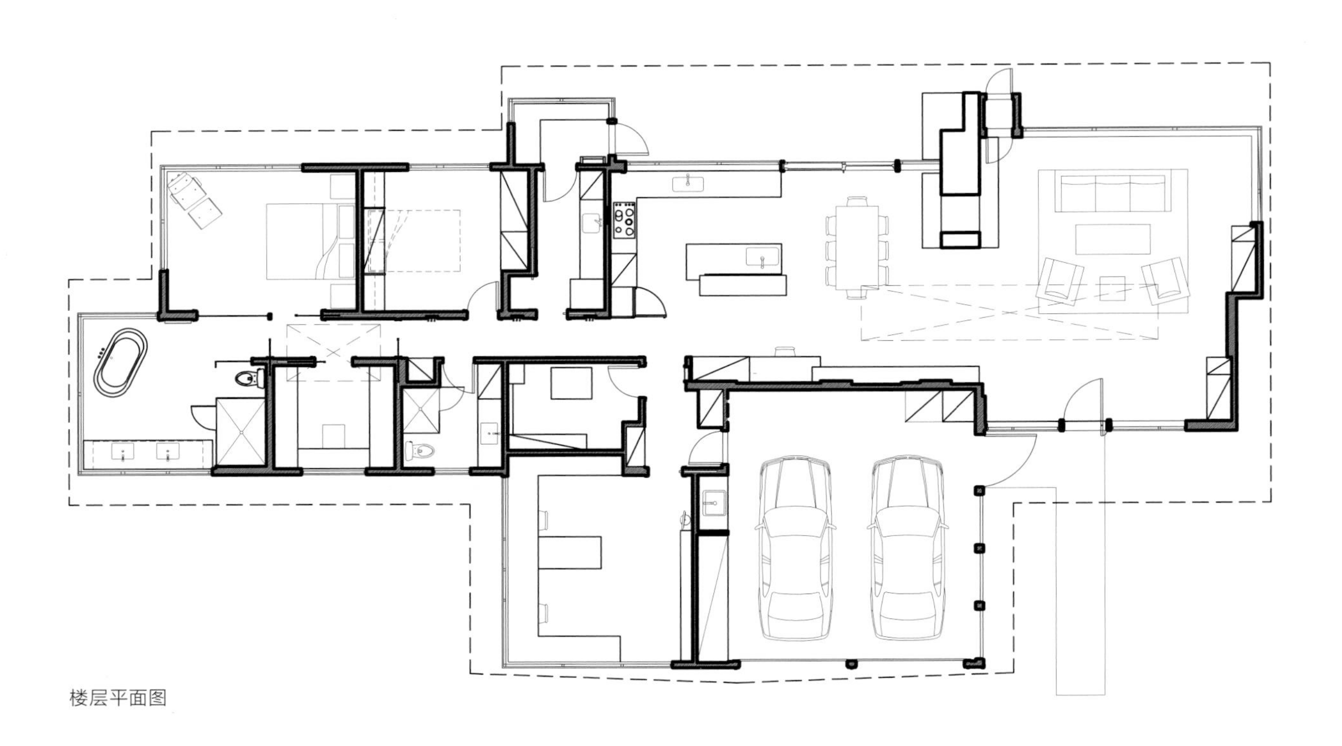

楼层平面图

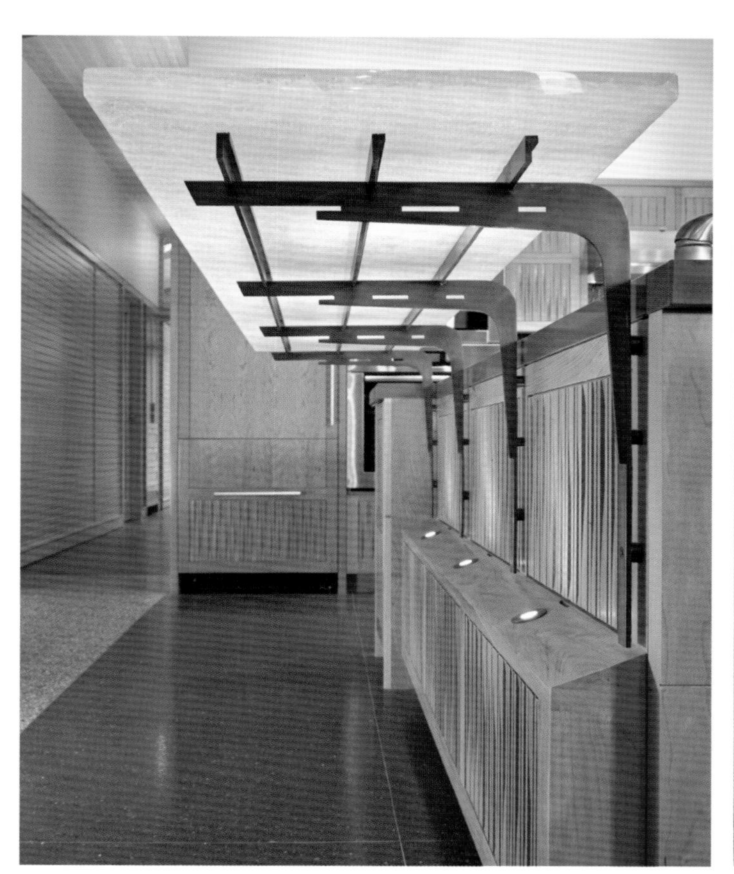

第三章

生长的家

一个生长的家

这栋三层的白色住宅位于上海一个普通的旧里弄之中。上海有很多类似的老房子，它们位于自然形成的街区，承载着老上海的记忆。

原建筑建于 1947 年，面宽 5.5 米，深约 15.2 米，南北朝向，南北各有入口。由于内部隔间很多，深度也很深，室内整体采光情况较差。由于年久失修，建筑局部构造需要修复。设计对整体建筑进行了加固，并统一了整栋建筑的层高，将原来位于北侧的楼梯全部拆除，将天窗和楼梯设置成建筑的中心，重新塑造了三层楼的整体逻辑和形态。楼梯围绕天井自一楼起循序向上，使整栋住宅围绕自然光垂直延展，甚至楼梯的钢板被打了孔，起到透光的作用。

老建筑（1947 年）

项目地点: 中国，上海市
项目面积: 240平方米
完成时间: 2017年
建筑设计: 睿集设计
摄影: 田芳芳

设计师在一楼设计了一片半开放区域，模糊了室内外空间的界限，使原来孤立的院落和三层空间在改造后有了新的对话关系。半露天式的空间为客厅带来了阳光的温暖和植物的生机。室内外模糊的场景界限让生活场景可以随意切换。院子中预留了一个树洞，以待主人在春天的时候种上树木，让树木陪伴孩子一起成长——时间也是项目设计的一部分。

在一楼，洒满阳光的客厅、餐厅和厨房形成一个相互连通的开放式格局，这里是一家人一起分享最多的空间。不管是父母、孩子还是老人，设计师希望这个空间可以随时切换成生活之中的每一个场景，而不是被功能所限定。他们设计了一整面模块化的家具墙，并称其为“Life board”。这面墙搭配可随意装配组合的配件，随着主人的生活慢慢地变化。从这个角度上看，设计师更希望这些设计未来的形式是通过每一天的生活形成的。

二楼的门和储藏空间统统是隐藏式的，形成了一个清爽干净的区域。在阳光充足的时候，这是一个很温馨的起居空间。

小朋友的床、书桌以及储物柜是一体式设计，房主的孩子很喜欢这栋房子，在楼梯爬上爬下，在院子里不停地玩耍，这也是设计师的初衷——给这个孩子一个更大的世界，让他们可以站在另一个维度去理解这个不停变化的世界。

主卧保留了原始建筑的坡顶结构，并将衣帽间和卫生间统一在一个“盒子”之中，最大限度地保留了原始建筑的形态，并在本来并不大的空间中创造了新的关系。房子并不代表家，家承载了人们每一天的生活，它应该是一个容器，承载着主人的成长、经历和希望，而设计，应该给生活更多的宽容。

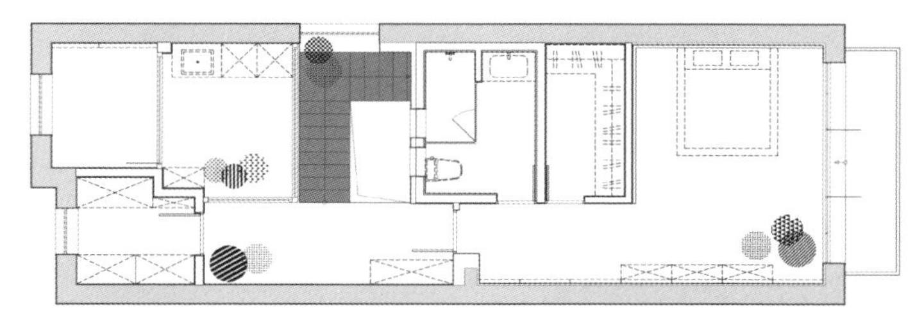

三层平面图

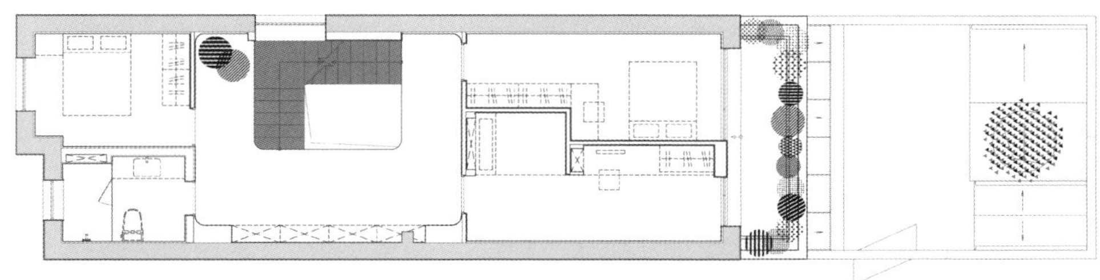

二层平面图

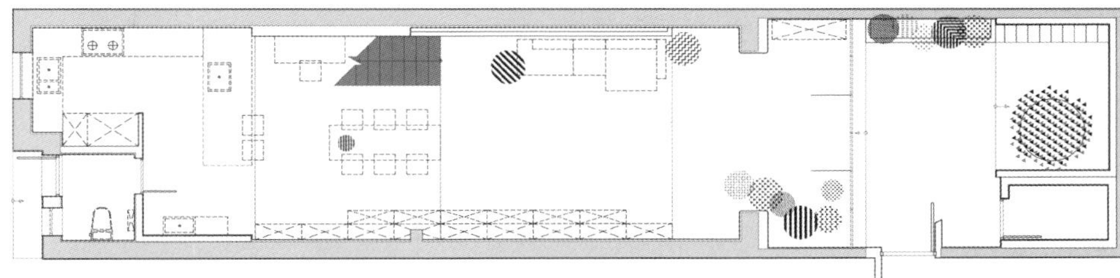

一层平面图

BEIJING

Le sac
en papier

家庭工作室

这间旧车库于1970年被法国画家皮埃尔·勒麦尔改造成了一间工作室。50年后，皮埃尔的孙女继承了这间工作室，并聘请建筑师Willy Durieu-Atelier Wilda工作室的创始人将这里改造成一个生活空间。

业主希望将这间小型工作室改造成巴黎市中心的一栋极简风格的公寓。然而，这片城市区域的城市法规非常严格：禁止对现有建筑的外立面进行任何改造。因此，此次翻修只能针对室内进行改造，力求优化每一寸空间。

所有的室内装饰和板材都被拆除，只有承重墙和屋顶被保留下来，以使室内呈现出巨大的开放空间。设计师拆除了天花板，为房子增加了窗户，以增强居住者对空间的感受和感知。光线透过大玻璃幕墙和宽大的屋顶窗户倾泻而下，照亮整个空间。柔和的色彩搭配可以增强空间的感受性，白色的墙壁可以突出木制元素，使光线更加柔和，从而营造出温暖的气氛。

定制家具的设计被细化到了最小细节，以优化所有可能的存储空间，满足阁楼的小空间需求。建筑师提出在卧室上方打造一个可以俯瞰下方生活空间的内部小屋式结构，这是一个别出心裁的想法，增加了一个额外的房间。这个房间是一个拥有储物空间、一张折叠式桌子和一张双人大床的工作空间。

老建筑（20世纪70年代）

项目地点：法国，巴黎市
项目面积：50平方米
完成时间：2017
建筑设计：Atelier WILDA
摄影：大卫·弗塞尔

GROS
CORNICHON

一层平面图

剖面图

pingouin
froid

GLOUTON
Le Croqueur de Livres

无界之居

老房共有三层，位于广州市的老城区，是典型的两两紧密相邻的旧式临街洋房。这种临街洋房的房型结构普遍狭长，加上老房本身不合理的窗户设置，致使自然风和光线都难以进入房屋，房屋存在严重的阴暗潮湿的问题，并且白蚁泛滥。因年久失修房屋也出现了结构问题。这些问题一直困扰着业主一家的日常起居。

几十年前，这栋房子里住着冯老太太、她的爱人和五个孩子。为了满足七个人的生活起居，房屋被隔成了多个独立的空间。而今，房子里面只住着四口人。这些空置的独立空间却成为这个家的“隔阂”。设计师希望通过设计让这个被称作“家”的房子能有更多可能相遇、相聚的空间，通过空间改变家人的相处模式，甚至是家庭关系。

原有建筑分为正间和偏间两大板块，中间被实墙隔开。设计师决定首先要打通屋内的这两大板块，因此拆除了隔断正间和偏间的承重墙，重新搭建钢结构，改变整屋空间布局。

第二步是设计出集中家人主要移动线路的“核心筒”（楼梯 + 电梯），将原本分散的空间结构归一重置，利用核心筒连接各个空间，实现各个房间的相互连通。打破种种无用的空间隔断，整合了整个空间布局后，人们可以在房子内自由无阻地走动、碰面。另外，设计师利用天窗、开放式空间等设计为室内引入更多阳光，解决了自然通风和采光问题。

一层原本是两个房间间隔开的封闭式布局。设计师选择打破这种矩阵界限，创造了一个宽敞通透的新空间，再通过不同家具的陈设，为这个空间定义了丰富而有序的区域功能。

厨房采用中西厨混合设计，通过移动悬挂挡板，可以任意变换成封闭式的中式厨房，或开放式西厨。厨房的料理台延伸至户外花园，天气晴朗时，家人可以在这里喝杯咖啡，甚至不用走动就可以看到前院植物繁茂的样子。

老建筑（1919年）

项目地点：中国，广州市
项目面积：375平方米
完成时间：2017年
建筑设计：汤物臣·肯文创意集团
摄影：黄早慧

在房子的二、三层之间，设计师打造了一个专属于这个家的跨层休闲文化空间，用以纪念冯老太太的丈夫和他带给这个家庭的珍贵记忆。一家人平日可以聚在这里，用投影看看过去的家庭影像，或是一同鉴赏老父亲的画作，再互相讲讲以前的趣事。

所有卧室都被安排在二、三层。在保证各自私密性的前提下，设计师利用窗户、房门等位置的巧妙安排，创造了许多的视线交叉点，减少空间的分隔感。家人就算留在房间内，也能随时看见彼此的生活状态。

考虑到老太太的孙子已到适婚年龄和未来组建家庭的空间需求，设计师把他的卧室安排在了三层，带有独立的卫生间。与其相连的是一间备用客房，两间房的门可以双向开合，使房间合并成一间使用。

房子内的每个空间都与天井或天窗相连，除了能引入更多的阳光外，人们只要把窗帘打开，就可以看到整栋房子内不同角落的场景，一家人拥有了更多可以互动的机会。

顶楼是儿子的工作室和天台花园。设计师将家中原有的花色地砖和民国时期的旧式书柜及转椅，重新使用在工作室里，为家人营造了有趣的新旧记忆碰撞。天台花园里增设了许多植物摆放的区域，斑驳的老墙和绿意盎然的盆栽相映成趣，在这片闹市城区中，这家人拥有了专属于自己的小花园。

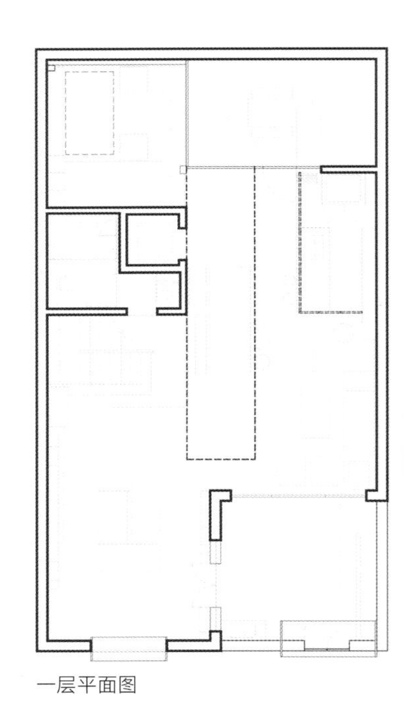
一层平面图

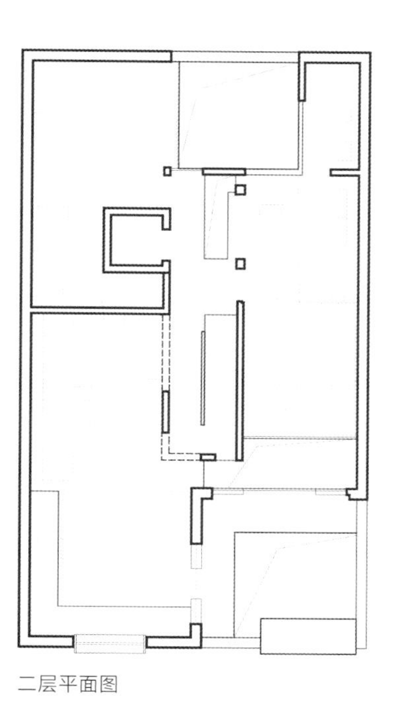

二层平面图

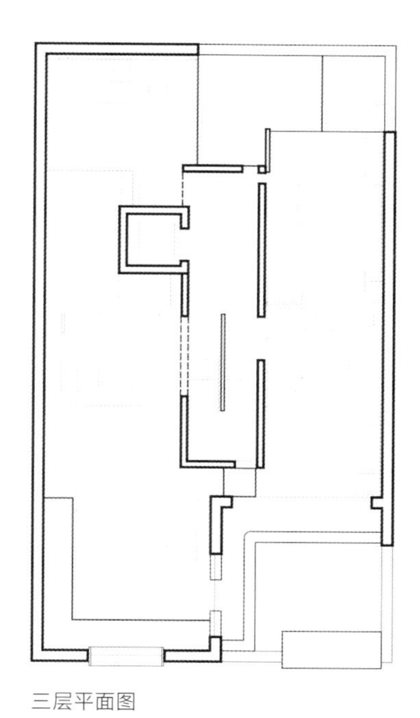

三层平面图

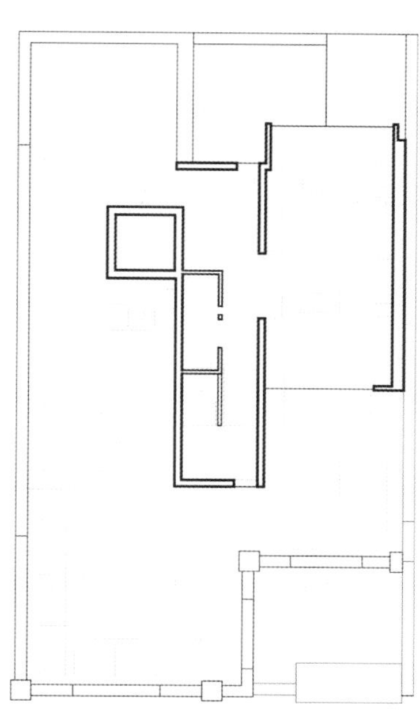

四层平面图

宏巨资本

克利夫顿山2号住宅

业主要求对一栋维多利亚时代的房屋进行扩建，在保证他们及邻里隐私的前提下，为各个空间提供充足的采光和通风。他们要求使用基础的耐用材料，希望这些材料会随着时间的流逝沉淀出优雅的味道。

长达百年的使用使老房子的原本样貌十分模糊。设计团队更换了先前的地板，但保留了原有的木材和灰泥元素。除了浴室铺有黑色的瓷砖外，其他空间的主色调均为白色，营造出一个简单、整洁的空间。

老宅的面积正好容纳三个卧室和一个书房，因而设计师将客厅设置在扩建结构内，并与花园三面相连。玻璃走廊将扩建结构与现有房屋分隔开来，在新旧结构之间留出了一定的距离，同时也使浴室和书房可以临近花园。

客厅采用开放式布局，宽敞舒适，非常适合养育两个孩子的家庭使用。房间使用裸露的砌砖和混凝土和黑框玻璃营造出粗犷但整洁的感觉，而花园景致也为这里增添了一抹暖意。半圆形的花园将餐厅、厨房和休息区分隔开来，并成为这些空间的聚焦点。这种内向性的布局非常适合近郊环境，随着花园的建成，这栋住宅成了一片不同于其周围环境的私人绿洲。

改造后，业主拥有了一个优美的家庭工作室环境。空间的开放性及与花园的联系可以方便他们照看孩子。简单有效的内外铺装造就了一个轻松、舒适的低维护环境。

老建筑（1917年）

项目地点：澳大利亚，墨尔本市
项目面积：280平方米
完成时间：2017
建筑设计：ITN Architects
摄影：埃丹·奥哈罗兰

BREAD

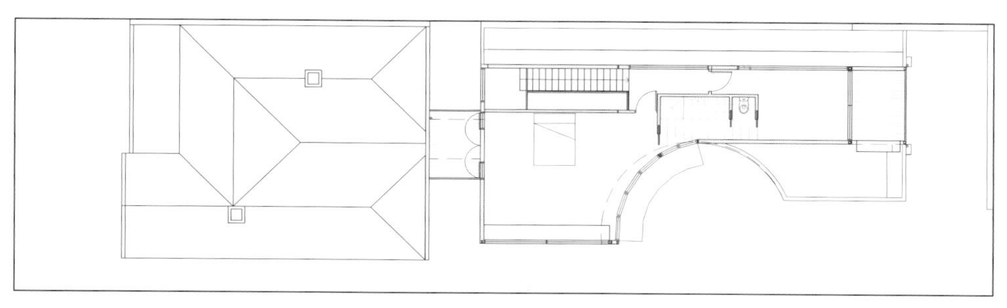

二层平面图

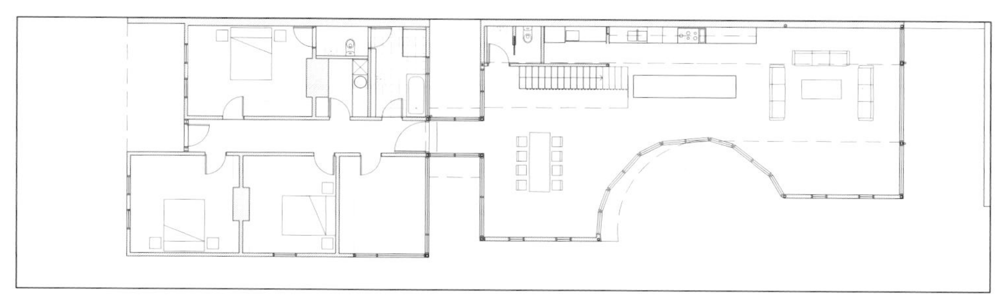

一层平面图

GC住宅

这栋住宅是 19 世纪 70 年代维多利亚时代的联排房屋，房屋正面朝北，配套花园朝南。房屋最初为错层式布局，虽然经历过厨房扩建和阁楼改建，但仍旧十分过时。房屋多处木质结构已经破败不堪，因此业主决定对整栋房屋进行翻新，并对房屋的地下室进行扩建。此次改造的目标是满足一个不断壮大的家庭的住房需求，打造一个简洁、灵活的当代生活空间。

充足的光线可以使人一年四季充满活力，此次改造中所有的细节设计都是为了营造一个明亮的环境。玻璃和道格拉斯冷杉的使用贯穿了整栋住宅，其中极少的视线和细腻的纹理创造出一系列相互连通的空间，同时营造了一种轻松和谐的感觉。玻璃楼梯将光线从双面窗户和天窗引入室内，让阳光洒满整个房间。

人对住宅面宽的空间感知也很重要。为此，设计师设计了悬挂式壁炉和进门橱柜，以便露出两边的墙壁，在视觉上拓宽空间。另外，设计师为淋浴间安装了智能调光玻璃，这样居住者就可以从床头看到隔断墙，使空间看起来更加宽敞。

该项目的另一个重要方面是建立娱乐区、客厅和厨房之间的联系。设计师借助中央的宽阔楼梯改善了住宅结构，将各个楼层联系起来。即使人处在不同的楼层，也可以与其他人对话，增加了家庭成员之间的日常沟通。

住宅内的所有家具和照明均是由该项目的首席设计师特别设计的，其中包括吧台、盥洗台、碗柜、房门、橱柜和厨房操作台、栏杆等。住宅的照明设计以柔和的光线为主，尽可能地消除空间阴影区，以满足业主希望获得轻松的空间和干净的线条的要求。

老建筑（19世纪70年代）

项目地点：英国，伦敦市
项目面积：296平方米
完成时间：2016年
建筑设计：Iñaki Leite architect
摄影：阿德里安·瓦兹奎斯

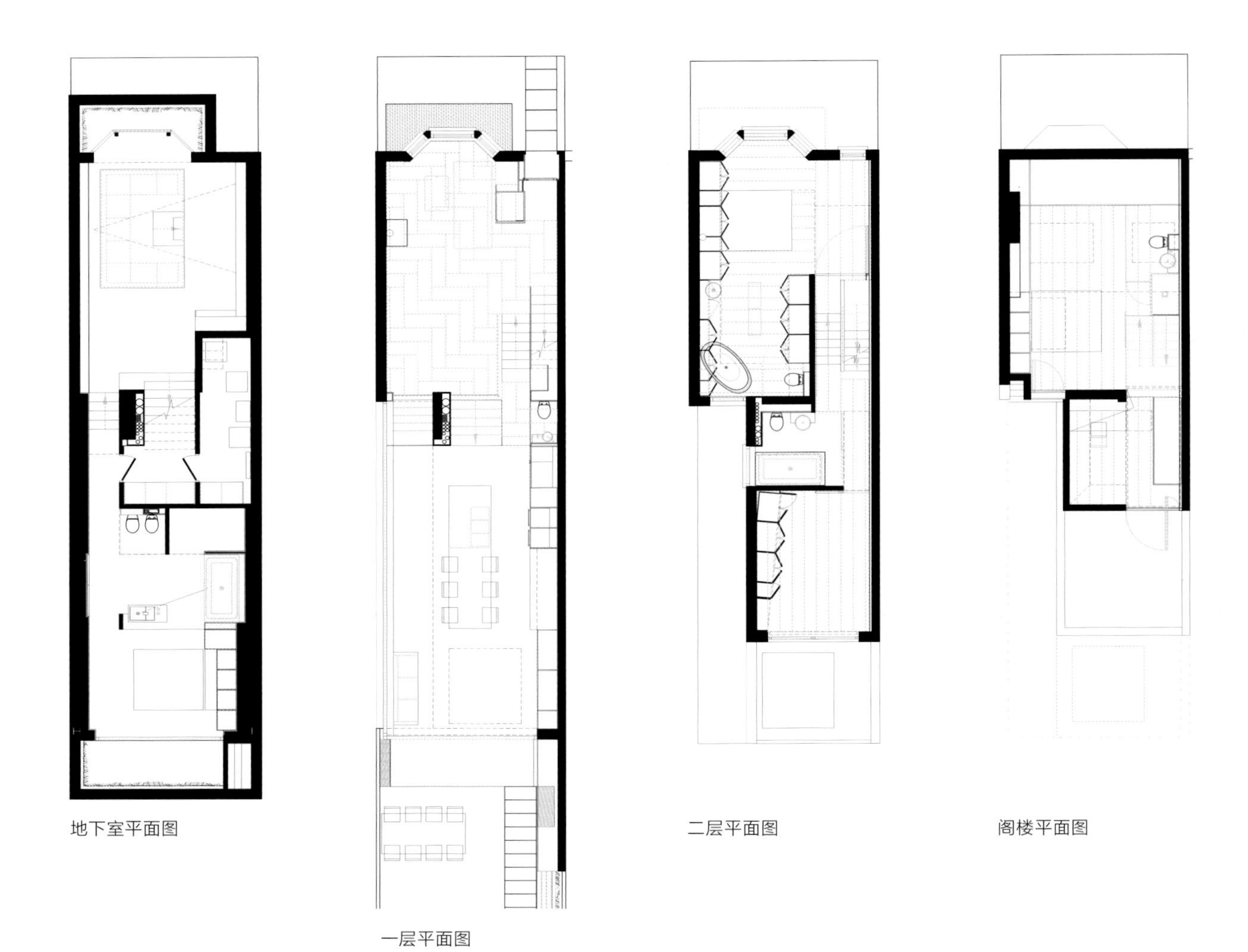

地下室平面图

一层平面图

二层平面图

阁楼平面图

h&f
P
Mon - Sat
9 am - 5 pm
Permit holders X
or
Pay at machine
→
Display ticket
MATCH DAY
RESTRICTIONS
9 am - 9.30 pm
including
Sunday and
bank holidays
Max stay 1 hour
for pay and display

水线公寓

这栋老建筑是建于 20 世纪 30 年代的一栋双层建筑。此次改造的任务是将两套位于建筑二层的公寓合并，为一个两个孩子的家庭打造一个舒适的生活空间。项目要求使当代住宅与老城区现有的建筑环境充分融合。

在对房屋外形进行翻新的过程中，设计团队没有几乎改变开窗的总面积和配置。他们用可以欣赏到河上风光的全景窗户替代了旧窗户，但仍然考虑了节能问题和保持建筑本真性的要求。出于同样的考虑，他们用镀锌铁打造屋顶，因为它是这座城市最常见的屋顶材料。设计选用灰色调粉饰外墙，以求降低建筑的存在感，使其隐匿于周围的环境中。

入口空间和两套公寓之间的连接突出了设计的巧妙性。主入口作为公共空间宽敞明亮、通风良好。室内空间的连接以建立横向和纵向的轴线为基础——入口处的标识与各个空间的联系展现了空间的主轴。用白蜡树树干搭建而成的隔断墙，充满森林的气息，和房主人的卧室、浴室、衣柜和中央大厅的承重墙一起，奠定了房屋的基调。

老建筑（19世纪70年代）

项目地点：乌克兰，哈尔科夫市
项目面积：232平方米
完成时间：2017年
建筑设计：Ryntovt Design
摄影：安德烈·阿夫杰延科

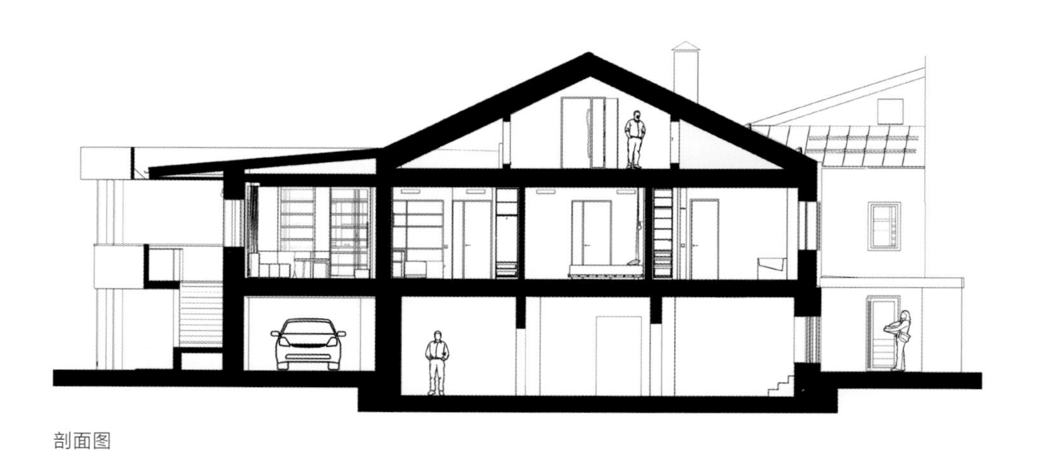

剖面图

连接所有空间的长廊露出了阁楼层的入口。为了避免产生过于幽深的感觉，其中一个房间以由实木、玻璃和干草打造的隔板系统为隔断，设计师还在这里安装了一扇转门。

客厅、餐厅和厨房之间的功能规划用到了同样的分隔系统，不同之处在于这里安装了一扇推拉门。整个空间的分区有助于所有空间获得自然光照，甚至也包括长廊。长廊的中央空间无法获得阳光直射，但是空间的透光度使这里获得了足够的自然光。

该项目总共包含四个生活空间：带有浴室和衣柜的主卧、两间儿童房（其中一个有自己的浴室和衣柜），外加一间可用作办公空间的客房。

室内空间的单色基调赋予空间素雅、清净的中性特质。客厅里雪白的窗帘以及在办公和厨房空间隔板系统所用的干草、玻璃和白蜡实木，营造了北欧和日式内饰的禁欲主义氛围。隔板系统在室内灰白色的墙壁上投下深深浅浅的阴影，形成一幅幅壁画，也成为视觉的焦点。

住宅的整体内饰充满了地方特色，例如，由乌克兰工匠采用斯堪的纳维亚工艺用棉花和喀尔巴泰羊毛加工制作的地毯上就有当地传统的装饰图案。所有家具都是由设计师为这个房子特别设计的，体现了设计师对项目的用心。

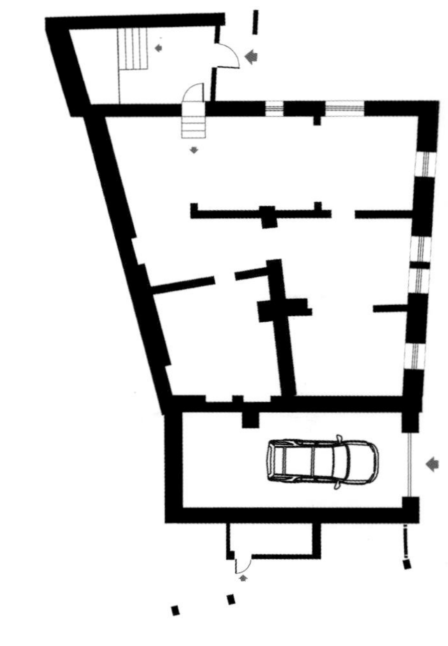

一层平面图

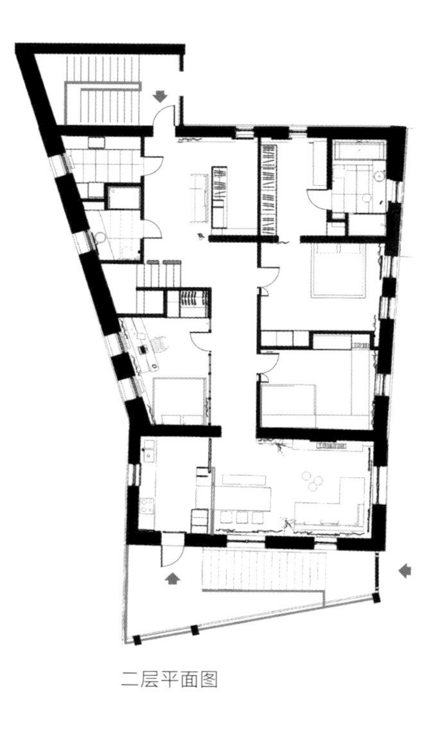

二层平面图

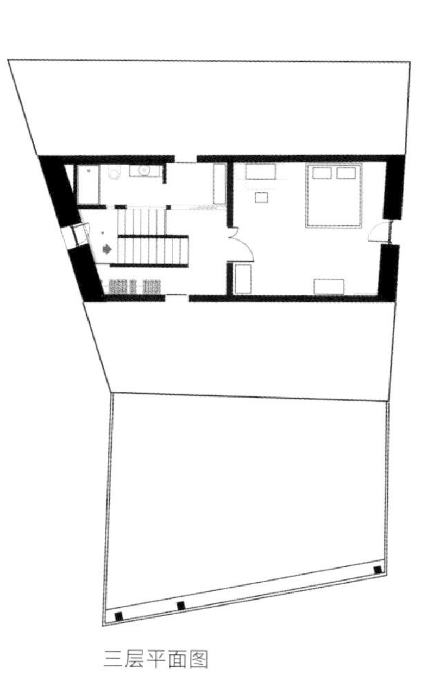

三层平面图

梦想之家

这是个由一对年轻夫妇和三个活泼可爱的孩子所组成的欢乐家庭，他们秉承着“努力工作，快乐生活”的生活态度。多年来，这个五口之家一直居住在一栋两室一卫的公寓中。购买下这栋建于1915年的住宅后，他们决定将其改造成一个宽敞、充满生气的梦想之家。此次改造的设计正反映了他们积极乐观的生活主张。

业主希望在住宅内打造一个宽敞明亮的中央空间，使家人和朋友可以常常在这里聚会。同时，改造后的空间要具有良好的开放性和视觉联系，既允许男孩子们自由地玩耍，也方便业主关注孩子们的活动，对孩子间随时可能发生的矛盾做出及时的调解。

住宅正立面的改造采用了联排房屋的传统风格，与周围建筑环境十分协调，但其规模、选材和细节的设计却暗示了其内部的现代化。相比之下，后立面的现代化风格更加直观地反映了室内设计的现代化。后立面宽大的开窗将光线引入室内，并建立起室内与后院的视觉联系。新建的下沉庭院将自然光线引入位于地下一层的卧室和家庭娱乐室。

厨房、客厅和餐厅设在二层。阳光从四层的天窗直接照进厨房空间。创新的小空间设计和储物方案使这些空间既相互连接，又整齐有序，方便业主和孩子们自由地组织工作、生活和娱乐活动。客厅空间由室内延伸至室外，为家庭生活增添了更多的可能性。

背靠墙壁的金属板楼梯将人们从底层空间逐渐引至顶层空间。楼梯围绕着中庭盘旋而上，将卧室空间逐一联系起来。主卧位于顶层空间的后方，透过落地窗，居住的人可以欣赏到后院的景色。儿童卧室横跨中庭，既保持了空间独立性，又在父母的视线范围内，而不是像传统联排房屋的布局一样，将卧室设置在狭长走廊的深处。儿童卧室的空间相对紧凑，因此设计师打开了儿童卧室的天花板，使空间不显局促。设计充分利用了小阁楼空间的垂直关系，通过供孩子们爬进爬出的暗门将两间儿童卧室联系起来。

老建筑（1915年）

项目地点：美国，旧金山市
项目面积：389平方米
完成时间：2014 年
建筑设计：Feldman Architecture
摄影：乔·弗莱彻

中庭处盘旋而上的楼梯通往办公室和屋顶平台。良好的隔音效果为业主创造了一处安静的办公环境，使他们可以暂时忘记嬉闹的孩子。短舱门的设计与纤维水泥板覆面的干净线条及钢制楼梯的工业美学形成了反差效果，体现出业主的幽默感。阳光充足的绿色屋顶是附近最好的观景点，为城市里的家庭生活带来难得的惬意。

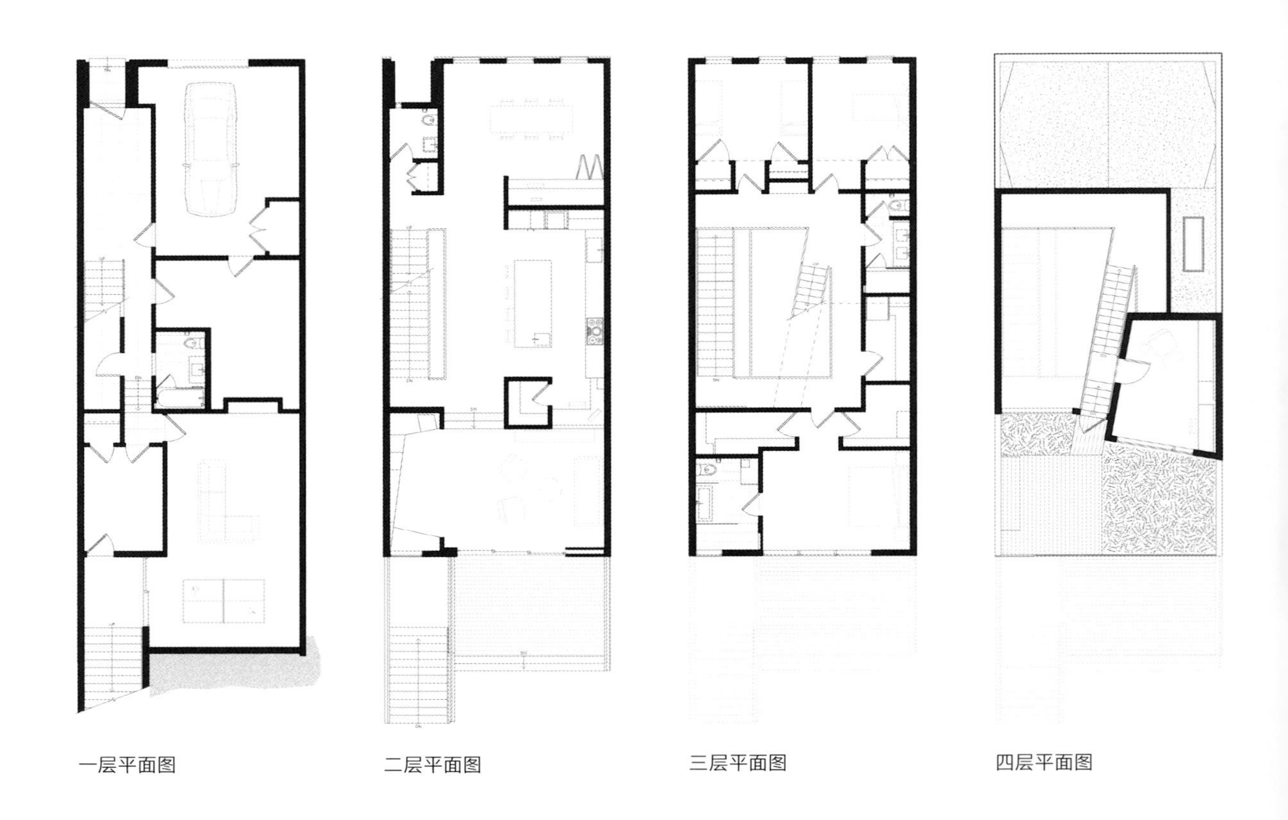

一层平面图　二层平面图　三层平面图　四层平面图

西班牙农舍

在改造之前，这间农舍已经被闲置50多年了，需要进行彻底的翻新才能适应当代生活的需求。这个改造项目由两部分组成：主屋和马厩。由于长期的废弃，主屋的状况非常糟糕，杂草丛生，需要进行大量的修复才能再次居住。马厩的石墙和木结构均已严重毁坏，大部分墙壁都需要重建。

尽管老建筑的状况糟糕，设计师还是保留了老建筑的结构和材料，采用白色混凝土和当地的石料作为材料将建筑的外立面改造一新。

主屋内部紧贴外墙增加了独立的支撑结构，用以加固老旧的石头墙体以及提高建筑的保温性能。部分的石头立面和砖砌的护墙板被一体式的隔热混凝土墙所取代，而整体框架结构则仿照并再现了原建筑的木构体系。窗口仿照老马厩的门设计，深深地凹进墙体内，并利用大型木制百叶窗进行遮挡。

老建筑（20世纪60年代）

项目地点： 西班牙，阿斯图里亚斯市
项目面积： 414平方米
完成时间： 2013年
建筑设计： PYO arquitectos
摄影： 米格尔·德·古兹曼

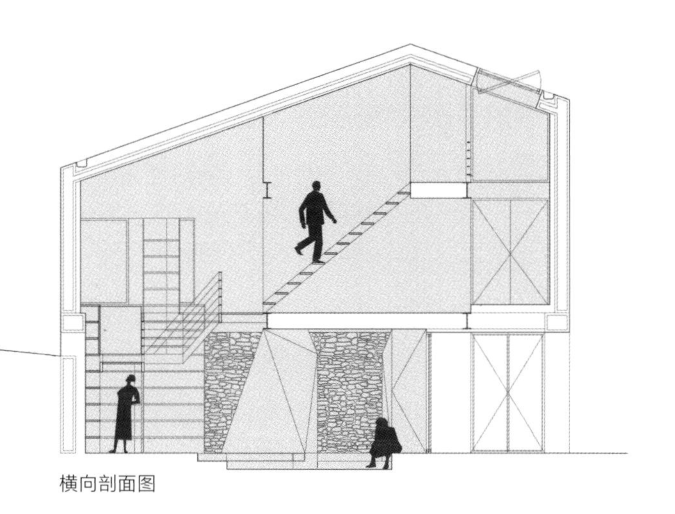

横向剖面图

纵向剖面图

建筑位于一座南向的山坡上，主屋的北侧与南侧有两米的高差。为了顺应地形，设计师在主屋的一层设计了错层空间，形成了不同于常规室内分隔的一系列连续性空间。原先的承重墙被轻质金属柱体所取代，形成了一个三层通高的起居空间，使阳光可以穿透进来。起居室内坡度轻缓的金属楼梯通往各楼层的不同房间。

设计使白色的混凝土、纤细的钢梁与老旧的石头、木材和谐共生。室内空间围绕四个菱形体量进行组织，分别代表业主的四个女儿。在二层，两间卧室通过可以看得到山谷风景的两层通高空间相连接，并将人们引向主卧的室外平台。

在马厩的改造中，上层的干草棚被设计成卧室，腾出了一层的空间，形成一个大的中央起居室，可以用来开展不同的家庭活动。

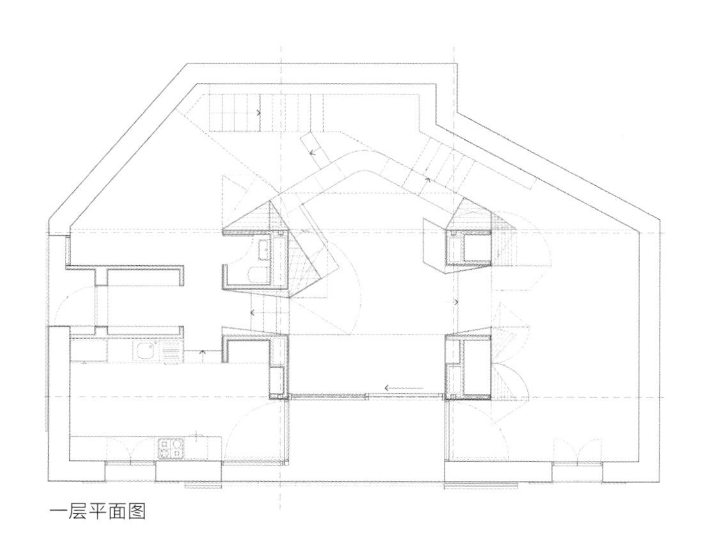

一层平面图

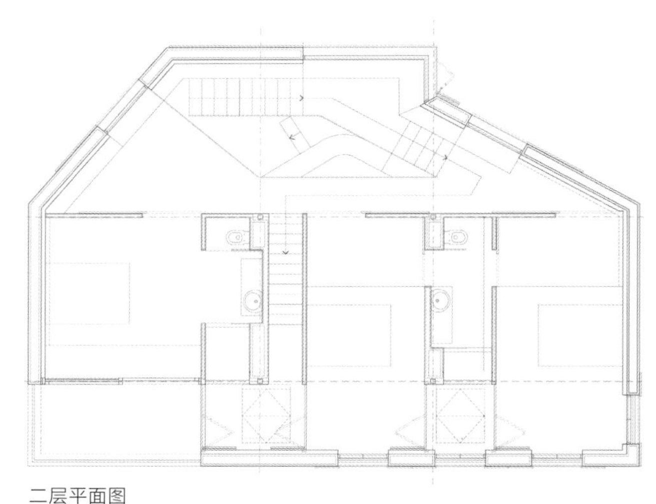

二层平面图

PRODUCT
OF
COLOMBIA
70 kg NET

第四章

永恒的改造经典

布鲁克林联排房屋

这栋三层联排房屋始建于 1900 年前后。超级风暴桑迪使建筑严重受损，房屋的地下室和一楼进了深 2.5 米的水，部分房屋结构倒塌，因而房屋需要彻底修缮。该项目与纽约市住房恢复计划“BUILD IT BACK”紧密合作，修缮后的房屋底层将高出高水位线（防洪线）0.6 米。

该项目的设计概念和命名都强调了“建筑抬升”这一主题，即从建筑遭受破坏的点出发，完成新环境下的房屋更新。整个方案都遵循防洪设计准则。此次翻修工程加建了一个充满自然光线的顶层公寓空间，并且增加了一个户外花园，实现户外和室内空间的自然过渡。一层楼面被抬高后，所有楼层的楼面高度也都相应变高，因此整栋楼的高度都增加了。

一层的生活区被设计成 5 米高的双层空间。巨大的落地窗模糊了室内外空间的界限。一层通过修复后的平台与花园相连。设计师将夹层空间营造得十分温馨，用作主卧、儿童房和浴室。夹层采用由业主家乡布拉格 Cabletech 公司设计的黑色粗纱网作为装饰，旨在最大限度地减少空间之间的隔离感，创造出更好的视觉效果。

同样的设计理念也被应用到二层和顶层。二层主要容纳一些私密空间。顶层的阁楼设有一个开放式起居区，配有大型推拉门，与屋顶露台相连。在这里，居住者可以欣赏到城市全景。

定制图案的铝合金木瓦包裹着整个阁楼和屋顶，形成一种“盒子上的盒子”的形象，白天在自然光的照射下，呈现出微妙的闪光效果，十分引人注目。原有的红砖立面和新的金属顶层立面形成鲜明的对比，增强了整个新结构的设计感。

老建筑（20世纪60年代）

项目地点：美国，纽约市
项目面积：218平方米
完成时间：2018年
建筑设计：Takatina
摄影：菊山树子

BMB

YAMAHA

设计师在建筑西侧设置了一个楼梯，作为公共通道。这种形式常见于经典的阁楼建筑。带有磨砂玻璃的二层高入口大门将大量光线引入室内。根据防洪设计准则，设计师用混凝土和瓷砖作为入口台阶材料，然后逐渐过渡到木材。

墙壁主要以老建筑的砖石为材料，辅以裸露的钢筋和新的涂漆隔热材料。室内装饰以白色的墙壁、抛光水泥地板和砖块作为整体背景，搭配温暖的复古木制家具，形成干净、温馨的氛围。大量的哲学、艺术和建筑方面的书籍，以及与室外花园相呼应的室内植物，营造了一个安静的居住环境。

阁楼平面图

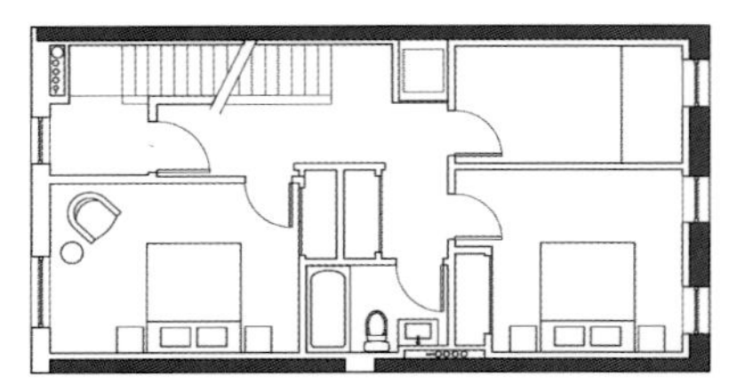

二层平面图

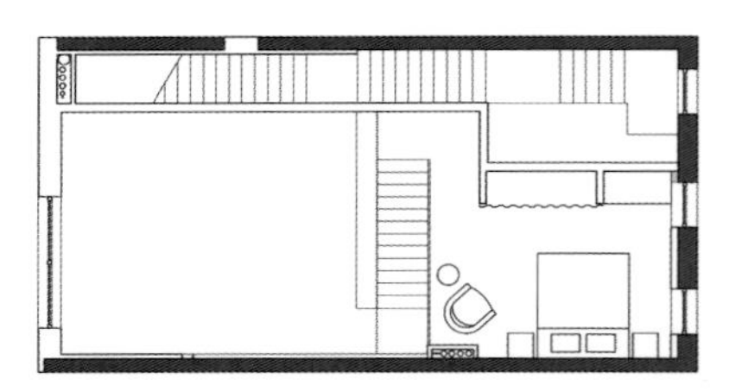

中间层平面图

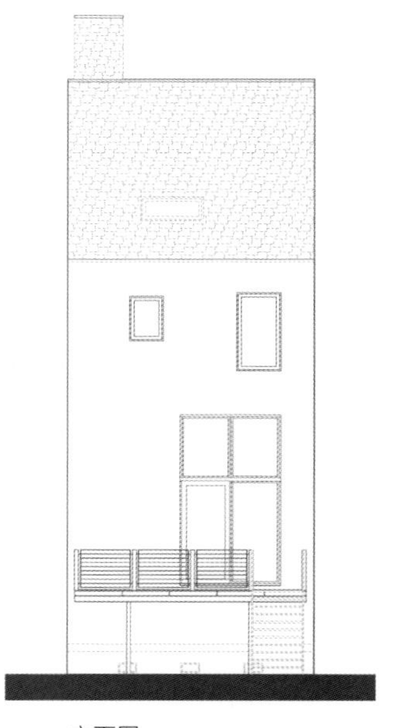

立面图

一层平面图

SILENCE
BADIOU
FISCHERSPOONER
art since 1900
ARCHITECTURAL INVENTIONS
MAKING CHOICES
CREAM

乡郊老宅

这栋位于乡郊的日本住宅距今已有53年的历史。一对年轻的夫妇买下了这里，并决定对其进行改造，以满足一家三口的居住需要。

为了使住宅在重获新生的同时还能将老建筑的特征延续下去，设计团队试图在旧事物和新事物之间找到完美的平衡，并使房屋的内部空间具有更好的连通性。

设计师拆除了建筑多年来的增建和翻新部分，使其回归最初的乡村风格，并在此基础上尝试增加新的元素。设计师缩小了居住空间的体量，只留下满足必要的生活需求的空间。原本的日式房间被改造成花园，其边缘部分为半室外空间，由此形成一个多元且舒适的空间。室内空间通过向外扩展变得更加宽敞，这样不仅可以引入自然光线，还可以遮风挡雨。

他们用到了很多原有的材料，而且尽量不做过多的改变。专门为这栋住宅设计的地板所用的材料——白蜡木和波尔多松便是原有材料。而天花板使用的是柳桉木，也是为了适应原有建筑的风格。

老建筑（1965年）

项目地点：日本，栗东市
项目面积：260平方米
完成时间：2018年
建筑设计：ALTS Design Office
摄影：河村健太

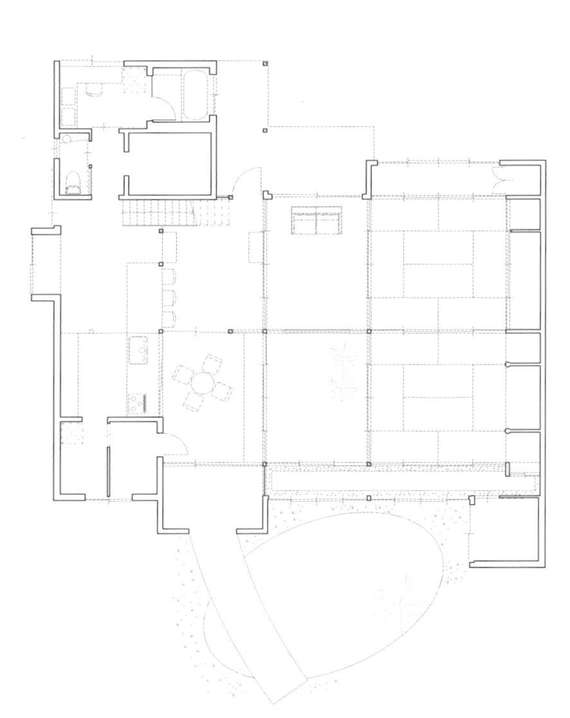

一层平面图

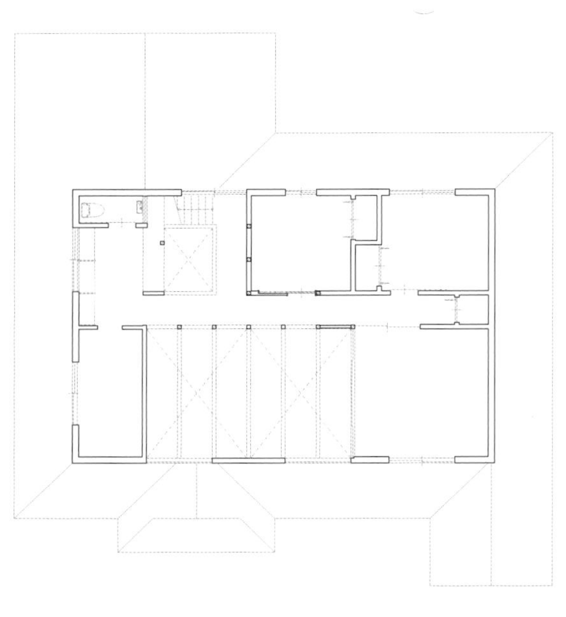

二层平面图

叠加的家

该项目位于斯洛文尼亚卢布尔雅那市中心。原建筑是一栋建于 1934 年的小型住宅，由建筑师埃米尔·纳温塞克设计。这位建筑师因其创新型空间设计理念而闻名。他在自己住宅的附近为他的两个住在一起的独身姐姐设计了这个每层只有 50 平方米的房子。

老建筑（1934年）

项目地点：斯洛文尼亚，卢布尔雅那市
项目面积：228平方米
完成时间：2017年
建筑设计：OFIS Architects
摄影：托马斯·格雷戈里奇

这条街道上的房屋大多建于 20 世纪 60 年代到 70 年代之间，以白色石膏板和深色木制外墙板为特色。设计团队只是对老房子进行了简单的翻新，并将原有结构和材料保留下来。原有结构和新建结构的内部以不同的布局形式联系起来。新建结构穿过旧墙，创建了新的体量：一楼用作客厅，二楼用作儿童房和客房，顶楼为主卧。

此次翻新在新建筑和老建筑的每一楼层之间创造了不同的交错联系。扩建结构由三个长方体构成，这些长方体像盒子一样成 90 度相互交错地堆叠在一起，制造出悬挑和露台空间。这三个体块以整齐的垂直栅格状深色木板为外墙板，融入这条街道的建筑环境中。新建结构由混凝土地基、金属框架和木制下层结构组成，而内部墙面大多被制成整体性的衣柜。

房子的核心——新旧结构的交叉部分是一个楼梯。受阿道夫·路丝的室内设计启发，设计师在新结构中打造了架高的平台、壁龛、衣柜、小型休息区，其中一部分延伸至旧房子，在每一层都创造出私密的居住空间。

一层平面图

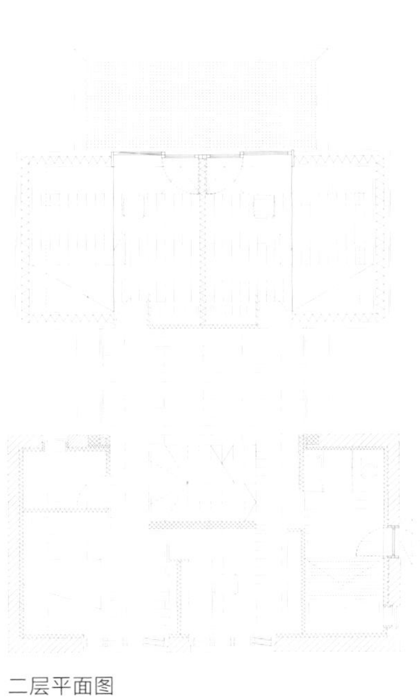

二层平面图

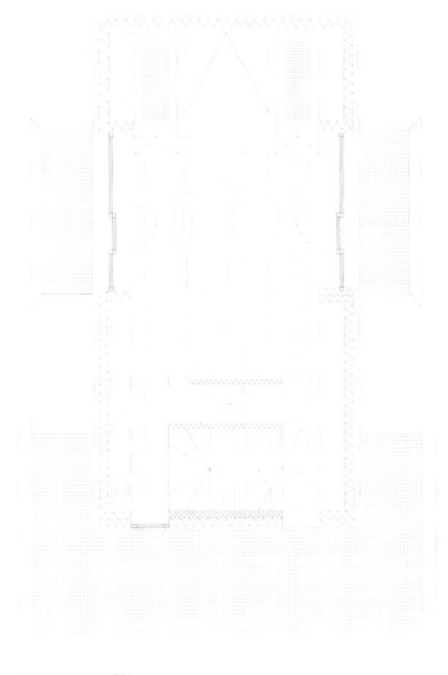

三层平面图

林区小屋

1951 年，当地的商人在一片未开垦的林区内建起了这栋小屋，这里的道路是沿着半岛的轮廓进行布局的，因此形成了住宅区横跨道路并位于陡峭岩壁之上的布局。小屋因在数十年间经历过多次临时改建而变得混乱无序。考虑到这种陡峭的地势，业主希望通过改善一楼的平面布局，重建地下娱乐、音乐室，对整栋住宅的空间进行反思和整合。

先前的业主在扩建和改建过程中使用的施工材料质量不佳，此次改造前的住宅已是破败不堪，室内光线也十分昏暗。当前的业主希望把住宅彻底翻新成一个室内外空间连通性良好、有花园和游泳池且充满阳光的家。业主可以在这里欣赏到壮丽的丛林景观和悉尼水手湾的海景。当沿着陡峭蜿蜒的石阶徒步而上时，他们希望觉得这是一栋值得一住的舒适住宅。

这栋住宅所在的街区如今是一个遗产保护区，以砂岩石砌建筑为特色，因此设计师需要保留原来的外观及石砌结构。在原有住宅所处环境和时代特色的启发下，设计师对巨大的砂岩地基进行了翻修和强调，为附近其他用砂岩元素打造的住宅和场地提供了明确的参考。

设计师运用极简主义的色彩搭配方法和简化的材料语言剔除了原建筑中因预算紧张遗留的粗糙元素，对现有的砂岩地下空间和后方体量进行翻新，使其恢复昔日的生机。他们简化了先前糟糕的门窗布局，并加固了造型笨拙的平台（平台的广阔视野，没有在先前的住宅空间布局中得到最大化利用）。充满现代气息的彩色木制屋顶从外观上使住宅结构变得柔和起来，也为住宅增添了一抹清新和温暖。

老建筑（1951年）

项目地点：澳大利亚，悉尼市
项目面积：285平方米
完成时间：2017年
建筑设计：BIJL Architecture
摄影：凯瑟琳·卢

Reason within the Bounds of
TIM WINTON
The Elegant Cockroach
PORTRAITS
John Berger on Artists
AYN RAND

设计师重新规划了住宅内部空间的布局，拆除了所有多余的分隔结构，并在屋顶安装了天窗。大扇的玻璃推拉门将室内和充满生机的室外平台联系起来，给起居室带来远处亚热带花园的景色。

设计师通过简化结构使原有的简陋建筑焕发生机，用砖瓦覆盖的坡屋顶、雅致的砂岩拱门以及融入周围环境的方式诉说着新旧建筑风格的融合。住宅内部也焕然一新，有了更好的空间的连通性和功能性。改造工程全面且细致，没有增加楼层，便打造了一个宽敞、温馨的家。

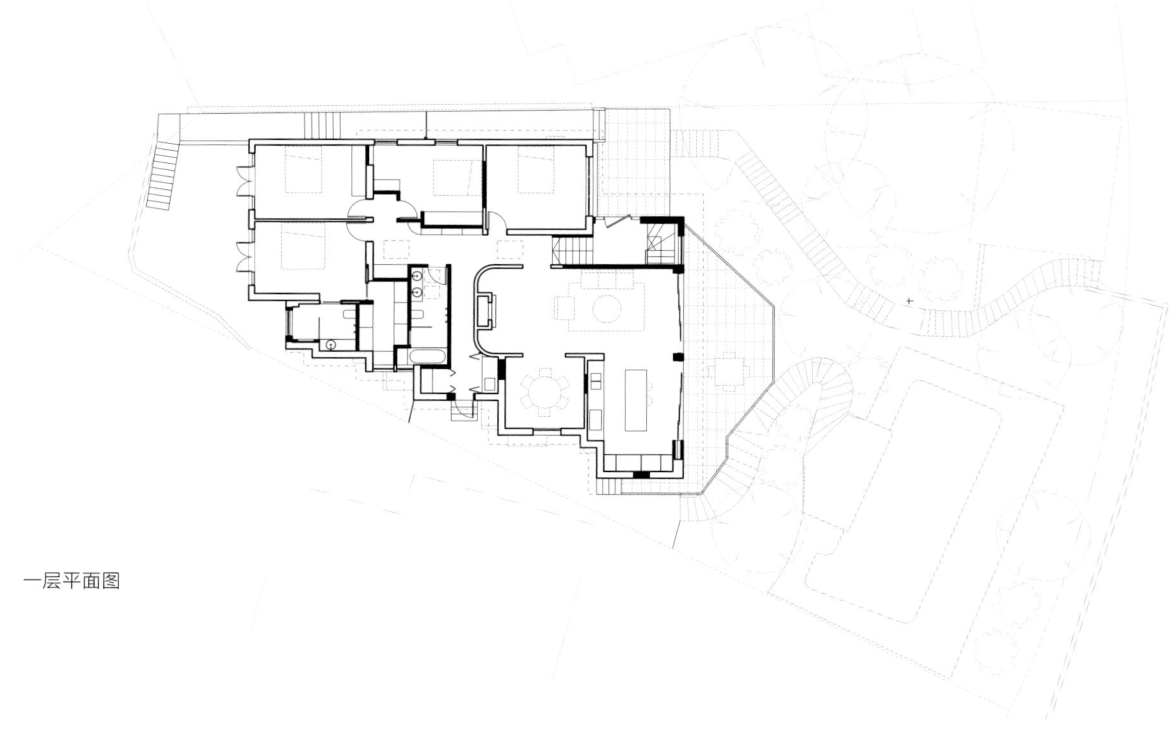

一层平面图

活力住宅

这栋老建筑于 1889 年由墨尔本市建筑协会建造。此次改造项目旨在对包括附属洗衣店在内的现有主建筑进行翻新和改造，并扩展后方区域的面积。另外，业主还希望对厨房进行扩建，增加大量的存储空间，使其变得更加实用。

设计师采用开放式厨房格局，使厨房与餐厅和客厅相连，共同形成公共空间。在公共空间内，色调柔和的灰色内置柜体与橱柜十分相配，有助于形成统一开放的风格，还可以提供更多的存储空间。

细木工制品是设计的一个主要部分，为每间卧室提供了充足的储物空间。设计师为卧室打造了一整面墙的衣柜，并在客房内设置了一个巨大的书架，用来摆放业主的藏书。

设计师最终说服业主为房屋的后方空间铺设木质地板，而不是保留原来的后方空间铺设板岩地面、前方空间铺设木质地板的设计。

原有的抹灰砖墙和天花板（包括天花板灯线盒和原有的檐板在内）均被彻底修复。包括扩建结构在内的内墙被粉刷成白色，给人一种更为现代的感觉，而进行过烟熏处理的橡木地板则为空间增添了一抹暖意。

如今，房屋后侧通过后院与新车库相连。另外，工作室还有一个从室内延伸至室外的生活空间，并配设有木质覆面的休闲平台。

房屋南侧新增的天窗为第二间卧室（也是书房）提供了自然光线和通风，而厨房的新窗户则使厨房与后院建立了视觉联系。正如项目名字所暗含的意思，设计师确实通过建筑设计使这栋漂亮的维多利亚式联排住宅充满活力，焕然一新。

老建筑（1889年）

项目地点：澳大利亚，墨尔本市
项目面积：118平方米
完成时间：2017年
建筑设计：SWG Studio
摄影：萨拉·安德森

BIG SHED
HADID
SEPIA
NEW POSTER ART

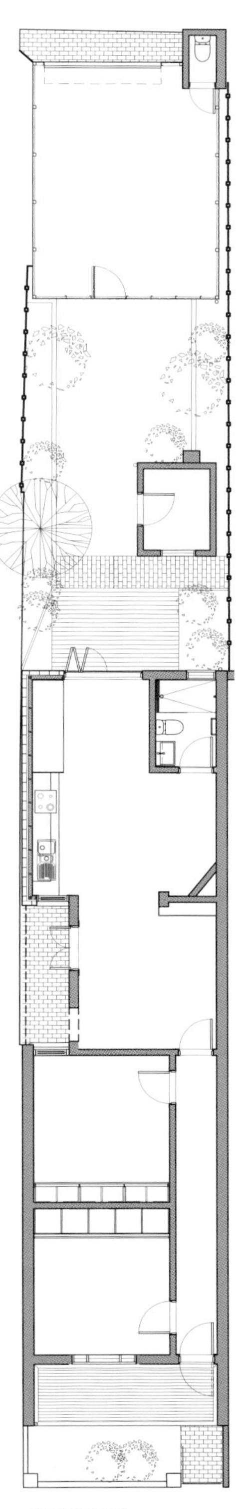

楼层平面图

斯柏德砖宅

该项目是对一栋20世纪60年代的两层砖结构住宅进行扩建和彻底的美学改造。改造增加了一系列室内结构和阳台，重新规划了室内格局，部分拆除了原来的四坡屋顶来打造一个具有视觉冲击感的室内吊顶，并且对室内外都进行了完全的重新装饰。

设计师希望能让这套坚固却破旧的郊区砖房经过重新设计和改造后满足当代生活的需求和标准，如增加一些独立卫浴套房，同时使用一些被动式节能技术，如光线充足的内部庭院和书房等。他们还在一层为业主打造了一间独立的工作室，并对废弃的花园进行清理和景观设计，打造了一座私家庭院。

房子南面原本是厚重的四坡屋顶，现被改造成有窗的“人”字形屋顶。从下方的客厅看去，这种设计非常特别，而且还能将北侧的光线引入厨房。另外，设计团队在南面增加了一个阳台，以便为北侧空间及房屋入口提供阴凉。这种设计使建筑成为一栋将传统与现代结合起来的新式砖结构房屋。

如住宅外观一样，室内的配色和材料也保持相对简单。室内设计用到了雪松木镶板天花板、白色的水磨石地板、白色的墙壁和砖砌结构以及黑色的钢制窗框。

休闲生活区的白色水磨石地面为空间增加了一些大胆的元素。有趣的天花板造型和大扇玻璃在住宅内营造了一种长廊的效果。雪松木镶板和装饰使大面积的白色调墙面和家具变得柔和起来。

老建筑（20世纪60年代）

项目地点：澳大利亚，墨尔本市
项目面积：250平方米
完成时间：2017年
建筑设计：ITN Architects and Emma Dwyer
摄影：布鲁·麦克米伦

18

FAIR 100 YEARS

二层平面图

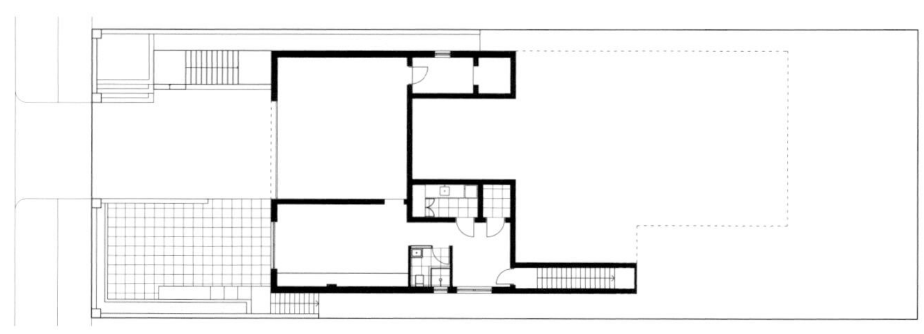

一层平面图

belle

圣文森特住宅

圣文森特住宅将经典元素与现代审美相结合，诠释了一种全新的当代居住模式。业主对建筑、艺术和工匠精神极富热情，他期望将一种冥想性的体验注入建筑本身，创造出一种超越表面、内涵丰富的环境。

扩建的空间位于具有历史价值的建筑立面背后，形成过去与当下之间一座文化的桥梁。考虑到时代的变迁，设计师仔细研究了老建筑的设计，将那些能够经受时间考验的、原始质朴的元素重新展现出来。因此，尽管新住宅的大部分空间都是新建的，但新建空间却不会立刻就被辨识出来。

设计重新制作了一些老建筑的细节元素，包括弧线形的飞檐、拱门以及定制的钢制壁炉，与维多利亚时代的立面搭配得十分和谐。细节的完整性通过精湛的手工艺得到了充分的展现，即便是像榫接构件这样的小细节也值得花时间玩味。

位于后侧的扩建结构是由混凝土现场浇筑而成的。扩建部分采用水磨石风格的石制地板、漆面的木制天花板以及青石材质的墙面，与房屋的前半部分形成了鲜明的对比。不同于现代建筑中常见的极简主义，房间内的细部仍旧保持古典风格，以丰富的纹理延续着手工雕刻的质感。

房间中有大量的艺术收藏品作装饰，体现了哲学、文学、宗教以及科学的主题，例如三层高的天井中展示着由艺术家南森・科利设计的灯光装置作品《天堂就是什么也不会发生的地方》，或者由艺术家贝林德・布鲁伊克创作的壁龛装置。

室内空间的设计也如同这些艺术品一样，涵盖了各个时代的文化特点。大多数房间以“知识”为主题，摆放着巨大的书架。客厅中央的透明书架还可以作为别具特色的咖啡桌使用。

老建筑（1870年）

项目地点：澳大利亚，墨尔本市
项目面积：750平方米
完成时间：2017年
建筑设计：B.E. Architecture
摄影：德里克·斯沃韦尔

来自欧洲和亚洲的复古家具展现出一种精致而休闲的美学。每件家具都诉说着不同的故事，赋予空间以异国的情调。这些家具有很多都是为这栋住宅专门打造的，展现出一种具有建筑性的手工艺之美。

多学科设计师团队对包括定制家具在内的所有照明、内饰和园林绿化元素都进行了讨论。设计并不认可标准联排房屋的局限性，而是提出了具有创造性的解决方案，以在城市背景下探索更多可能性。历史、艺术与文化的融合使圣文森特住宅重获新生。借助这一新的场所，房屋主人的生活质量也得到了显著的提高。

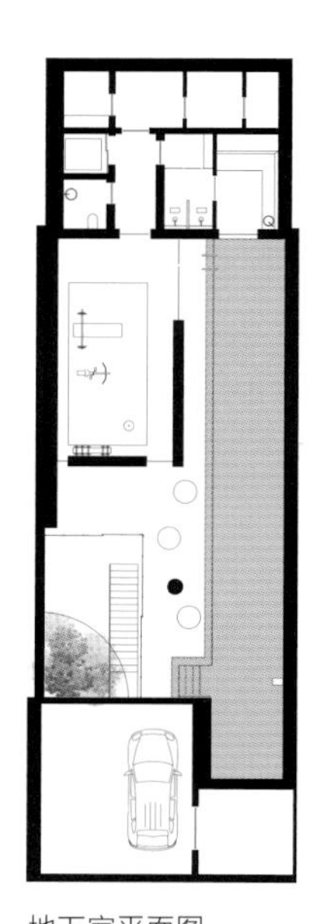

地下室平面图

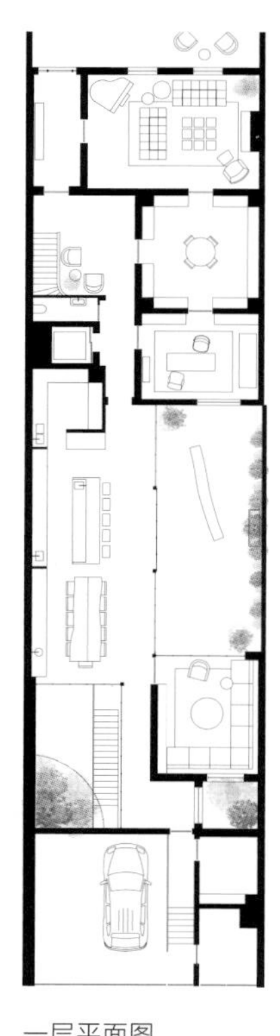

一层平面图

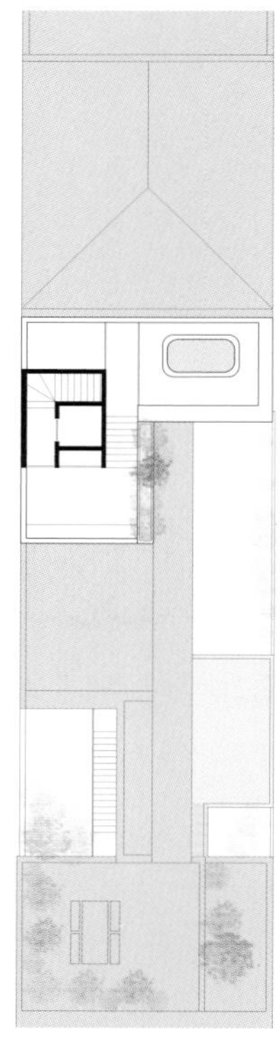

二层平面图

屋顶平面图

Harry Seidler
GILBERT & GEORGE
MNEMOSYNE
CCCP
ANSELM KIEFER
MIKE PARR
TACITA DEAN

伯特街住宅

业主希望对这栋建于 1904 年的住宅进行升级改造并增加一个车库和一个工作室。实地考察后，设计师觉得这是一个很好的契机，可以利用场地的优势对老建筑进行彻底的改造，从而改善业主的生活空间，因此该项目很快演变成一个更大规模的翻新和扩建工程。

先前的两次扩建工程（20 世纪 50 年代和 20 世纪 80 年代）阻遏了居住空间的自然光及与后院的视觉联系。为了扭转这种情况，设计师设计了天窗、采光井和大扇北向的玻璃窗来打造新的生活空间。大厅外立面的曲线形设计，不仅是对所在街区的特别形状做出的回应，也有助于重新定义建筑的方向——坐南朝北，面向后院。曲线造型包围的露天区域提供具有私密性的休闲空间。

抛光的混凝土和碳钢细部显然极具现代感，但低硬度的磨光大理石和色调丰富的木材有助于柔化空间、增添美感，实现新旧区域的和谐共生。

扩建部分是一个光线充足的空间。该空间的设计围绕增加家庭成员的互动的目标，整合了室内外空间，从而打造舒适的环境。玻璃、天窗和高高的天花板将大量的光线引入室内，住宅周围光影交错，极富美感。设计风格颇具现代工业的味道，舒展的造型又为空间增添了一抹暖意与柔和。设计师认为，对历史悠久的建筑进行模仿是徒劳无用的，因此，扩建部分与房屋的原有结构形成了鲜明的对比。新旧区域可以发挥各自的建筑属性和时代优势。

老建筑（1904年）

项目地点：澳大利亚，费里曼特尔市
项目面积：470平方米
完成时间：2016年
建筑设计：Keen Architecture Pty Ltd
摄影：迪翁·罗伯逊

QUOTING SHAKESPEARE

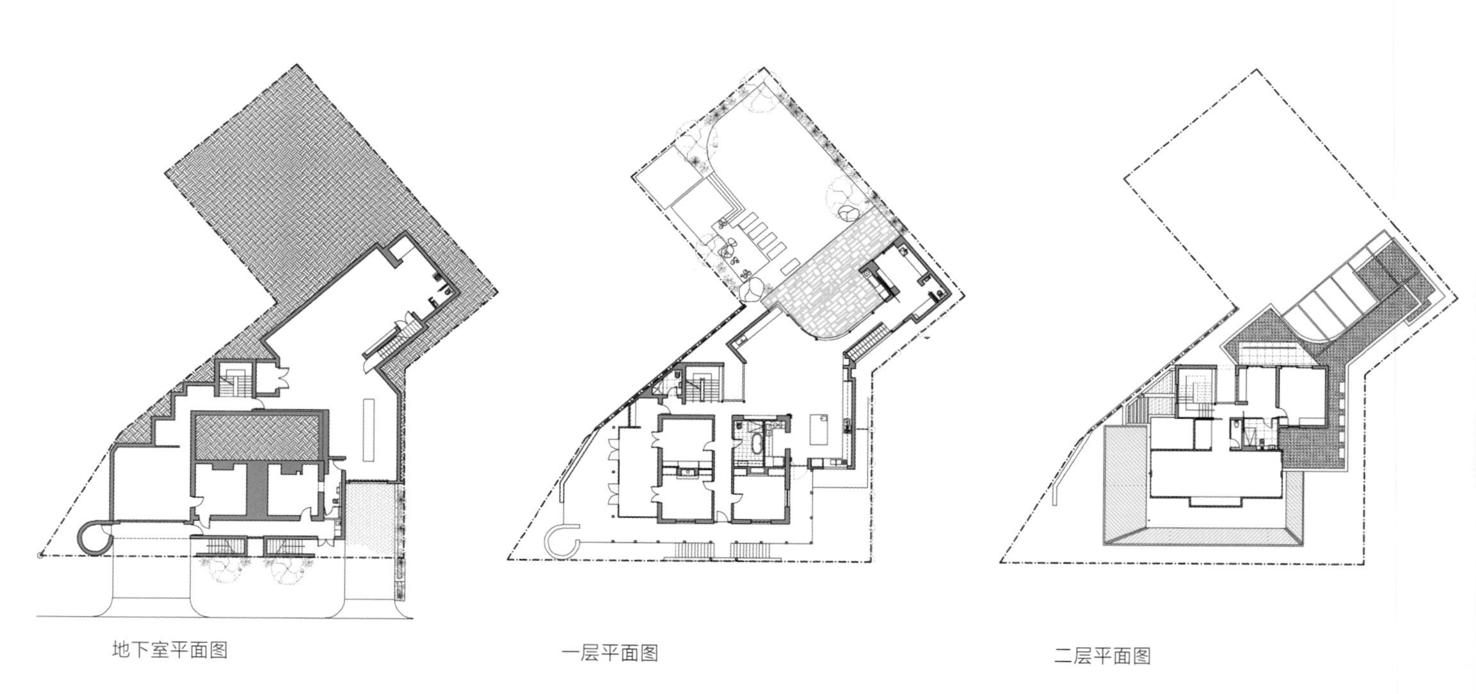

地下室平面图　　一层平面图　　二层平面图

THAI STREET FOOD
I ♥ NY
PLENTY
COOKBOOK
Miele

乌得勒支农舍

该项目是将乌得勒支附近地区的一个大型农舍改造成一栋住宅。其干预措施通过各种方式改变了内部和外部之间的界限，为老建筑注入了生机与活力。这个改造项目的特殊之处在于要寻找一个统领各层次改造的整体性方法，从精致的花园设计到空间内部设计，从高品质的细节到可持续性设计。

设计团队彻底拆除了前奶牛场地块上的附属建筑和大型谷仓，并将住宅所需的附加功能设置在与农场呈垂直关系的新增体量内。改造后的房屋矗立于田野之中，为室内空间和户外空间之间的相互作用提供一个参照点。内部和外部之间的界限因此被转移、软化、逆转甚至是彻底消除。功能、方位和美感变成了实现空间过渡的工具。

老建筑与新体量之间的关系为特别的干预措施创造了机会，并解决了功能上的问题。清爽的新结构也强化了原生农场的表现形式。

材料和细节的选择参考了所发现的原建筑的家具碎片或者照明元素。设计师运用木材、混凝土和钢材等基本材料，为各个房间营造了多样化的氛围，而且不失去整体的视觉连贯性。

老建筑（1929年）

项目地点：荷兰，乌特勒支市
项目面积：950平方米
完成时间：2016年
建筑设计：Zecc Architecten BV
摄影：Stijn Stijl 摄影工作室

一层平面图

二层平面图

瓦伦西亚老宅

该项目的业主是一对年轻夫妇和他们三岁的女儿。他们希望对这栋破败许久的家庭住宅进行翻新和改造。老建筑位于瓦伦西亚附近的一个小镇上，是一栋拥有近百年历史的联排住宅。

原有布局由多个照明或通风情况不佳的小空间组成，因此设计团队面临的最大挑战是制订新的空间布局方案，为业主打造更加开放、实用的住宅空间。

设计团队保留了老宅子的设计精髓，并使主体空间向后院开放。设计使住宅内的主要空间包括客厅、厨房和主卧在内的生活空间位于住宅后方，从而兑现了后院成为这栋住宅的核心区域的设想，使后院成为室内空间的延伸。

住宅与后院主要有三个功能区：中心区，住宅最重要的房间的所在区域；入口、门厅和客厅区，客厅内保留了此类住宅的特色元素——壁炉；餐厅和果园区，房主可以在此种植和享用水果蔬菜。原有结构的木梁被转化成新布局的重要元素，与摆放在新位置上的旧木门一起，被用作划分空间的隔断系统。

从垂直方向看，二层空间设有两个较小的次卧房间，带有壁炉、更衣间和小书房的主卧，以及可以晒日光浴的泳池和淋浴区。一层空间则设有厨房（内设早餐区）、洗衣间和烧烤区（设有户外用餐区）。

老建筑（1916年）

项目地点：西班牙，瓦伦西亚
项目面积：120平方米
完成时间：2016年
建筑设计：DG Arquitecto Valencia
摄影：玛列拉·阿波洛尼

17
17-1
17-B

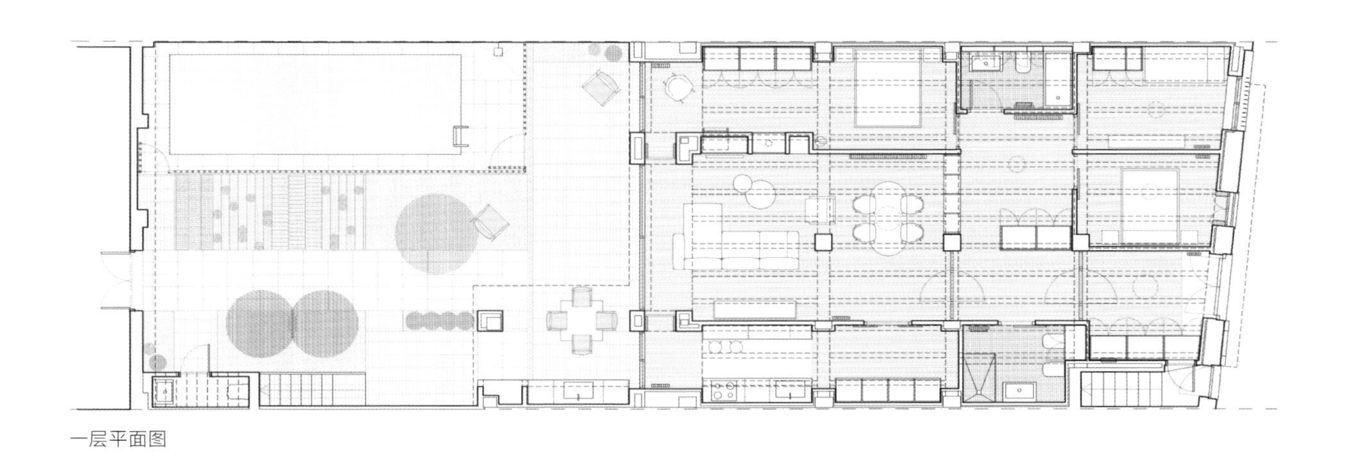

一层平面图

索引

图书在版编目(CIP)数据

老宅重生 / (澳) 桑托索·布迪曼, (新西兰) 迦勒·斯金编 ; 潘潇潇译. — 桂林 : 广西师范大学出版社, 2019.9
ISBN 978-7-5598-1624-5

Ⅰ. ①老… Ⅱ. ①桑… ②迦… ③潘… Ⅲ. ①住宅-建筑设计
Ⅳ. ① TU241

中国版本图书馆 CIP 数据核字 (2019) 第 032173 号

出 品 人：刘广汉
责任编辑：肖 莉
助理编辑：冯晓旭
装帧设计：吴 迪

广西师范大学出版社出版发行
(广西桂林市五里店路 9 号 邮政编码：541004
网址：http://www.bbtpress.com)
出版人：张艺兵
全国新华书店经销
销售热线：021-65200318 021-31260822-898
恒美印务（广州）有限公司印刷
(广州市南沙区环市大道南路 334 号 邮政编码：511458)
开本：889mm × 1 194mm 1/16
印张：17.5 字数：438 千字
2019 年 9 月第 1 版 2019 年 9 月第 1 次印刷
定价：228.00 元
